· 智能系统与技术丛书 ·

应用人工智能

工程方法

（原书第 2 版）

[德] 伯恩哈德·G. 胡姆 (Bernhard G. Humm) 著

郭金林 译

Applied
Artificial Intelligence
An Engineering Approach,
Second Edition

机械工业出版社
CHINA MACHINE PRESS

图书在版编目（CIP）数据

应用人工智能：工程方法：原书第 2 版 /（德）伯恩哈德·G. 胡姆（Bernhard G. Humm）著；郭金林译 . —北京：机械工业出版社，2023.4
（智能系统与技术丛书）
书名原文：Applied Artificial Intelligence: An Engineering Approach, Second Edition
ISBN 978-7-111-72999-0

I. ①应… II. ①伯… ②郭… III. ①人工智能 IV. ① TP18

中国国家版本馆 CIP 数据核字（2023）第 063326 号

机械工业出版社（北京市百万庄大街 22 号　邮政编码：100037）
策划编辑：曲　熠　　　　　　　责任编辑：曲　熠　　陈佳媛
责任校对：韩佳欣　许婉萍　　　责任印制：常天培
北京铭成印刷有限公司印刷
2023 年 7 月第 1 版第 1 次印刷
186mm×240mm·11 印张·184 千字
标准书号：ISBN 978-7-111-72999-0
定价：79.00 元

电话服务　　　　　　　网络服务
客服电话：010-88361066　机　工　官　网：www.cmpbook.com
　　　　　010-88379833　机　工　官　博：weibo.com/cmp1952
　　　　　010-68326294　金　书　网：www.golden-book.com
封底无防伪标均为盗版　机工教育服务网：www.cmpedu.com

译者序

当前，以深度学习为代表的人工智能理论与方法发展迅速。AI 相关的出版物主要聚焦于 AI 背后的理论方法，而本书更关注 AI 技术的工程化，通过将现有的 AI 库、框架和服务等集成到一个具有良好用户体验、易于维护的 AI 应用程序中，满足功能和性能要求。

作为一本侧重于介绍 AI 工程化的书籍，本书的实用性极强，内容涵盖主要 AI 方法、AI 应用程序体系结构设计原则及具体领域的应用开发指导，包括信息检索、自然语言处理及计算机视觉三大领域。

本书可作为 AI 相关项目软件开发人员和架构师的参考书，也可以作为研究生和其他读者实践 AI 方法和理论的教科书。书中列出了大量 AI 相关产品及源代码样例，方便读者快速开发自己的应用程序。

作为译者，我希望自己的努力能够帮助广大对 AI 应用程序开发感兴趣的读者。人工智能相关技术发展迅速，很多术语的译法没有现成的参考，书中若有术语处理不当之处或对技术把握不准确之处，欢迎广大读者指正。我的 E-mail 是 gjlin99@nudt.edu.cn。

郭金林

于长沙

2023 年 3 月

前　言

　　为什么还要写一本关于人工智能的书？的确，在过去的几十年里，已经有数百种关于人工智能（Artificial Intelligence，AI）的出版物，包括科研论文和教科书。大多数的AI出版物主要聚焦于AI背后的理论方法，即逻辑、推理、统计基础等，却很少关注AI应用的工程化。

　　现代复杂的IT应用并不是从头开始的，而是通过集成现成的组件（库、框架和服务）开发的。当然，人工智能应用也是这样开发的。在过去的几十年中，已经开发了很多具有AI基础功能（如逻辑、推理和统计）的现成组件。将这些组件集成到用户友好、高性能和可维护的AI应用中需要特定的工程技能，本书重点关注这些技能。

　　我的专业背景是一名软件工程师。我在德国攻读计算机科学学士、硕士学位，随后在澳大利亚攻读博士学位，毕业后在德国一家大型软件公司工作了十多年。在大规模的团队中，我们为客户开发定制软件，我们的客户有跨国银行、信用卡发行商、旅游运营商、电信运营商、时尚公司，等等。我在团队中的工作与涉及的行业领域和技术一样是多元化的。涉及的工作从软件开发、软件架构、项目管理，到管理部门和管理公司的研发团队。

　　15年前我重新进入大学担任教授，我的所有课程都有一个共同主题，那就是根据工程原理和实践进行软件的专业开发。AI一直都是我感兴趣的研究领域，但我的行业项目与AI关系不大。人工智能应用，如强大的图像处理、语音分析和生成等，正在迅速进入市场，这再次引起了我的兴趣。在工业界和公众资助的研发项目中，我逐渐积累了工程化人工智能应用的专业知识。在与同事、研究生和行业合作伙伴组成的团队中，我们为酒店门户网站、图书馆、艺术博物馆、医院的肿瘤科、心理治疗诊所的边缘型人格治疗科和机器人制造商开发应用。无论行业领域多么多样化，许多方法和技术都可以跨项目使用，从而开发满足用户良好体验的应用。这些应用可满足功能性要求和非功能性要求，特别是高性能要求。总体而言，我们致力于将通用软件工程技能与人工智能专业知识相结合。

2014 年，当我意识到商业和消费市场对人工智能应用的需求日益增长时，我就在达姆施塔特应用技术大学开设了一门新的硕士课程，这本书反映了这门课程的主题。我一直在不断学习，从项目经验中学习，向我的同事和合作伙伴学习，向我的学生学习，希望也能向这本书的读者学习。所以，不管你赞同或不赞同书中的一些内容，都可以联系我（bernhard.humm@h-da.de）。

为了帮助大家掌握这些主题，我在第 1 ～ 8 章中都添加了"快速测验"一节，该节由铅笔符号标示。

最后感谢我的朋友和项目伙伴——爱尔兰 NSilico Lifescience 公司的 Paul Walsh，感谢他提出宝贵的意见并且带给我很大的启示。

作者简介

Bernhard G. Humm 是德国达姆施塔特应用技术大学计算机科学系软件工程和项目管理学教授。他在德国凯泽斯劳滕大学获得学士、硕士学位，在澳大利亚伍伦贡大学获得博士学位。他的研究重点是应用人工智能和软件架构。他是达姆施塔特应用信息学研究所（aIDa）常务董事和博士协调员，他与工业和研究组织合作，主持多个国家和国际研究项目，并定期发表研究成果。在重新进入大学担任教授之前，他在 IT 行业工作了 11 年，担任过德国一家大型软件公司的软件架构师、首席顾问、IT 经理和研究部门负责人。他的客户来自金融、旅游、贸易和航空等行业。

CONTENTS

目　　录

第 1 章

引　言

人工智能有多重要？

在 2015 年我写这本书的第 1 版时，人工智能几乎没有引起公众的关注，对于许多人来说，AI 不过是 20 世纪炒作的泡沫。然而即使在那时，AI 在商业和消费市场的 IT 应用中也是很重要的，并且无处不在。

我们仍在使用的一些 AI 的例子包括：

- ❑ 智能手机、车载导航系统的语音控制等。
- ❑ 相机中的人脸识别。
- ❑ 电子邮件客户端的垃圾邮件过滤。
- ❑ 计算机游戏中的 AI。
- ❑ 语义互联网搜索，包括问答，如图 1-1 所示。

商业方面的例子包括：

- ❑ 商业智能。
- ❑ 情感分析。
- ❑ 机器人。
- ❑ 工业计算机视觉。
- ❑ 无人驾驶汽车、无人机、火箭（军用和商用）。

图 1-1   AI 的日常使用：谷歌问答

过去几年，公众对 AI 的看法发生了巨大变化。现在，AI 重新获得了巨大关注。没人会再质疑 AI 的重要性，相反，许多人提出了夸张的、不切实际的主张和恐惧，这在炒作话题中很常见。

我希望 AI 能够继续极大地改变我们的生活和劳动力市场，就像 19 世纪以来，科技以越来越快的速度改变着几代人的日常生活一样。

如何开发 AI 应用？

大多数的 AI 出版物，例如科研论文和教科书，主要聚焦于 AI 背后的理论方法，却很少关注 AI 应用的工程化。目前存在哪些 AI 库、框架和服务？在哪种情况下应该选择哪种库、框架和服务？如何将它们整合到一个具有良好用户体验、易于维护的 AI 应用中？如何满足功能性和非功能性要求，特别是高性能要求？

本书的重点是为软件开发人员和架构师回答上述这些问题。

1.1   本书概述

本章的剩余部分介绍 AI 的定义以及 AI 的简要发展史。第 2 章和第 3 章介绍主要的

AI 方法：机器学习（非符号）和知识表示（符号）。第 4 章给出 AI 应用架构设计的指导原则，剩下的章节聚焦于 AI 的各个分领域，包括第 5 章的信息检索领域，第 6 章的自然语言处理领域及第 7 章的计算机视觉领域，最后在第 8 章中对全书进行总结。

受到我参与的一个 AI 项目的启发，我在整本书中使用了艺术博物馆领域的应用实例。此外，我也介绍了其他领域的一些实例。

我在每一章的末尾设置了一系列问题，方便读者进行快速测验，回顾该章的主题。

附录列出了相关产品列表及源代码样例，方便读者快速开发自己的应用。

1.2　什么是 AI

《不列颠百科全书》[一]对 AI 的定义如下：

"人工智能是数字计算机或计算机控制的机器人执行任务的能力，这些任务通常与智能生物相关。"

注意，这个定义并不主张甚至假设 AI 应用是智能的，或者 AI 相当于人类智慧。

哪些行为通常与智能生物有关？如图 1-2 所示，这些行为通常包括：

❑ 感知：看、听、感受等。
❑ 学习、认知、推理：思考、理解、计划等。
❑ 沟通：说、写等。
❑ 行动。

AI 的不同领域可以根据这些行为进行划分，参见图 1-3（该图受到 AI Spektrum 海报[一]启发）。

[一] https://www.britannica.com/technology/artificial-intelligence
[一] https://www.sigs-datacom.de/order/poster/Landkarte-KI-Poster-AI-2018.php

图 1-2 与智能生物有关的行为

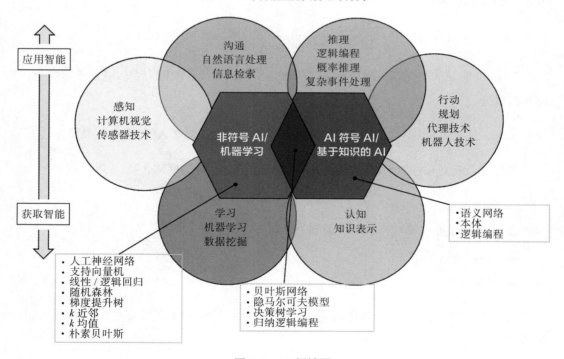

图 1-3 AI 领域图

❑ 感知行为包括计算机视觉、传感器技术的 AI 领域;

❑ 沟通行为包括自然语言处理（NLP）领域;

- ❑ 学习行为包括机器学习（ML）、信息检索（IR）和数据挖掘领域；
- ❑ 认知行为包括知识表示领域；
- ❑ 推理行为包括逻辑编程、概率推理及复杂事件处理（CEP）领域；
- ❑ 行动包括规划、代理技术及机器人领域。

请注意，AI子领域的划分及命名方式可以在参考文献中找到。

如图1-3中的六边形所示，人工智能方法可以明显地划分为两大类：符号AI/基于知识的AI（即专家系统）及非符号AI/机器学习。在符号AI/基于知识的AI方法中，知识是以人类可读方式（符号）显式描述的，例如，语义网络、本体或逻辑编程语言，参见图1-3中附属于该方法的方框中所列的技术。在非符号AI/机器学习方法中，知识是以数字形式隐式描述的，如人工神经网络中的权值、支持向量机、线性回归/逻辑回归中的权值等。

无论是符号AI方法，还是非符号AI方法，都起源于20世纪50年代。在AI研究和实践的最初几十年中，符号AI方法更为突出，取得了更令人信服的结果。然而，在20世纪，这种情况发生了变化。现在，非符号AI方法，特别是机器学习，变得备受关注。

两类方法各有优缺点，非符号AI方法几乎不需要什么前期知识，只是需要许多训练样本，这类方法在解决含有噪声数据的分类问题时有着良好的性能。然而，其背后的决策推理缺乏可解释性，难以被人类理解。相反，符号AI方法背后的推理是显式的，能够被人类追溯。然而，该方法需要预先进行显式知识的构建，并且面临着在不确定条件下推理的挑战。

两类AI方法都已应用于AI的各个领域，符号方法通常应用于认知、推理及行动，而非符号方法通常应用于感知、沟通及学习。

我预计这两种方法在未来会继续存在。混合方法结合了符号AI方法和非符号AI方法的优点，我预计这类方法会愈加受到重视。混合方法包括贝叶斯网络、隐马尔可夫模型、决策树学习等。

1.3　AI 简史

"人工智能"一词是在 1956 年的达特茅斯会议上提出的。会议的参与者有约翰·麦卡锡、马文·明斯基、克劳德·香农、艾伦·纽厄尔、希尔伯特·西蒙等人。然而，几十年前艾伦·图灵（1912—1954）在计算性和评估智能行为的图灵测试上取得的成就，就已经为人工智能奠定了基础。

20 世纪 60 年代至 80 年代，人工智能遭遇了前所未有的炒作，这是由人工智能迅速见效的狂热承诺引发的。这些承诺如下：

"不出一代人，创造'人工智能'的问题将得到实质性解决。"（马文·明斯基，1967）

"十年之内，我们还不至于成为计算机的宠物。"（马文·明斯基，1970）

"机器能做任何人能做的工作。"（希尔伯特·西蒙，1985）[引自（American Heritage，2011）]

这种炒作使人工智能项目获得大量资助（特别是在美国）。

这些过分夸大的承诺的效果与所有的炒作一样。当人们开始注意到最复杂的人工智能应用连那些小孩子都很容易完成的任务都无法执行时，他们就舍弃了人工智能应用，即使人工智能应用仍然有着一定的价值。希望的幻灭导致了大规模的资金削减和人工智能市场的崩溃。20 世纪 80 年代至 90 年代往往被称为人工智能的冬天。

从那时起，在大型科技公司的推动下，人工智能方法和技术在未被注意到的情况下（通常不属于人工智能的范畴）已经非常成熟。例如，谷歌联合创始人拉里·佩奇[⊖]在 2006 年说：

"我们想创建一个能理解任何东西的终极搜索引擎，可以称之为人工智能。"

主要技术驱动了人工智能应用的发展，因此出现了今天这样的情况，即人工智能在日常应用中具有相关性和普遍性。而且，人工智能再次成为炒作的话题，这是由媒体的

⊖　http://bigdata-madesimple.com/12-famous-quotes-on-artificial-intelligence-by-google-founders

持续关注、科幻电影和人工智能社区中大胆的言论推动的，这些言论与 20 世纪 70 年代的说法非常相似：

"人工智能将在 2029 年左右达到人类水平。随着技术的发展，预计到 2045 年，我们将使人类生物机器智能水平比现在增加 10 亿倍。"（雷·库兹韦尔，2005[一]）

我个人看不到支持这种大胆主张的证据，认为它们是纯科幻小说。这种夸张的说法引起了媒体的广泛关注，但最终可能导致另一场 AI 寒冬。罗德尼·布鲁克斯在 2017[二]年对这些说法做出了最具影响力的回应，建议读者阅读这些回应。

1.4　AI 对社会的影响

软件应用，尤其是人工智能应用可能会对社会产生巨大影响。我认为软件工程师必须意识到这些影响并负责任地采取行动。

自动化技术一直在对劳动力市场产生巨大影响。我们可以看出这种变化，尤其是 19 世纪工业革命以来。随着 20 世纪信息技术的到来，创新速度已加快。人工智能技术是这一高度活跃过程的延续，该过程具有不断上升的创新速度。与早期的技术变革一样，大量工作将变得过时，新的工作岗位将出现。

关于人工智能对劳动力市场的影响，有很多预测。有人预测，在某些商业领域，机器人取代人力的比例将高达 99%[三]。也有一些人预测，从长远来看，对工人大规模被替代的担忧是毫无根据的[四]。

引用马克·吐温的话，"做出预测是很困难的，尤其是关于未来的预测"[五]。我个人认为，不断进步的自动化技术将减少对人力的需求，因为我们不能（也不应该）永远地增加消费。在这种情况下，有必要就如何分配机器创造的财富达成社会一致。有些人将基本

[一] https://www.brainyquote.com/quotes/ray_kurzweil_591137

[二] http://rodneybrooks.com/the-seven-deadly-sins-of-predicting-the-future-of-ai/

[三] https://futurism.com/will-artificial-intelligence-take-job-experts-weigh

[四] https://ec.europa.eu/epsc/sites/epsc/files/ai-report_online-version.pdf

[五] https://quoteinvestigator.com/2013/10/20/no-predict/

收入[⊖]视为一种模式进行讨论。

此外，作为一个社会整体，我们必须达成协议，哪些决策可以让机器来做和哪些决策不能让机器来做。亚伦·邦迪在 CACM 的观点[⊜]中明确具正确地指出："智能机器不会对人类构成威胁。担心太聪明的机器，会分散我们对那些愚蠢机器的真实威胁和当前威胁的注意力。"

我们授权机器帮我们做越来越多的决策，当然，没有任何软件是完美的。这对自动驾驶汽车来说可能没问题，我期望在可预见的未来，它们能比普通人驾驶更安全。但在一些领域这可能是危险的，因为机器可能会做出人类无法预见的但却有着深远影响的决策。这些危险领域之一可能是高频交易，交易中机器自主做出买卖决策，但对全球金融市场的影响是不清楚的。更危险的是自主武器，这些武器是程序化的，能够自动检测所谓的攻击，并在没有人为干预的情况下启动反击。

在人工智能和机器人研究人员关于自主武器[⊜]的一封公开信中，30 000 多人讨论并签署了关于自主武器的议题。开发人工智能应用的计算机科学家必须意识到人工智能的影响并负责任地采取行动。当前争论中的关键词是负责任的人工智能、道德的人工智能、以人为中心的人工智能或可解释的人工智能。我们将在本书中介绍这方面的内容。

1.5 著名的 AI 项目

一些人工智能项目因其知名度而成为人工智能历史上的里程碑。我只举三个例子。

1997 年，IBM Deep Blue 击败了国际象棋世界冠军加里·卡斯帕罗夫。这是一个里程碑，因为国际象棋被认为是相当复杂的棋盘游戏，如图 1-4 所示。

然而，当人们检查 Deep Blue 应用中使用的计算算法时，很快意识到 IBM 方法与人类棋手智能行为方式的区别。对于相信机器和人类一样智能的人来说，这意味着幻想破

⊖　https://en.wikipedia.org/wiki/Basic_income

⊜　https://cacm.acm.org/magazines/2017/2/212436-smart-machines-are-not-a-threat-to-humanity/

⊜　https://futureoflife.org/open-letter-autonomous-weapons/

灭。对于参与者来说，这根本不是幻灭，而是展示人类智能行为的应用开发历程中的一个重要里程碑。

图 1-4　IBM Deep Blue 击败国际象棋世界冠军加里·卡斯帕罗夫

2011 年，IBM 成功完成了另一个重要的 AI 项目：IBM Watson（IBM 华生）。IBM Watson 能够回答关于通用知识的自然语言问题。该项目的亮点是在美国流行的智力竞赛节目 Jeopardy 中击败人类获得了冠军！这非常了不起，因为 IBM Watson 不仅回答关于历史、时事、科学、艺术、流行文化、文学和语言的问题，还考虑了措辞以及执行速度和策略，如图 1-5 所示。

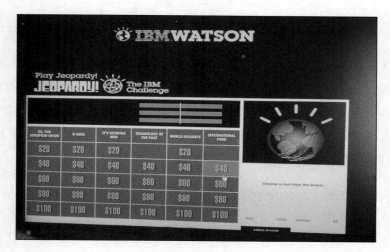

图 1-5　IBM Watson 在智力竞赛节目 Jeopardy 中击败人类

围棋是一种复杂的棋盘游戏，需要直觉、创造性和战略思维。长期以来围棋一直被认为是人工智能中的一项艰巨挑战，比国际象棋更难解决。2015 年，Google DeepMind 开发的计算机围棋程序 AlphaGo 与世界冠军李世石（Lee Sedol）[一]进行了五局围棋比赛。此次比赛受到了媒体的高度关注。AlphaGo 赢了除第四场比赛外的所有比赛。这次比赛被认为是人工智能的又一次突破，如图 1-6 所示。

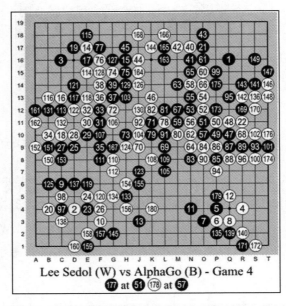

图 1-6   Lee Sedol 与 AlphaGo 比赛

总之，人工智能应用在过去的二十年里取得了巨大的进步，这些应用在 20 世纪后期是不可想象的。所有这些应用在某些情况下都表现出人类智能的行为，如玩游戏、回答问题、驾驶汽车等，而不是必须先模仿人类的智能。对于那些希望了解人类智慧本质的人来说，深入研究这些应用的实现可能会令人失望。它们是 IT 应用，遵循 IT 应用的工程实践。它们可能在日常生活中很有用。

以下章节深入介绍工程上的此类 AI 应用。

一 https://en.wikipedia.org/wiki/AlphaGo_versus_Lee_Sedol

1.6　扩展阅读

　　有许多关于人工智能的出版物。我只介绍一本书，斯图尔特·罗素（Stuart Russell）和彼得·诺维格（Peter Norvig）的 *Artificial Intelligence: A Modern Approach*（2013），这是人工智能方面的标准教科书。这本书详细描述了 AI 机制和它们背后的理论，而我在本书中没有关注 AI 背后的理论。如果你需要了解有关这些问题的更多信息，这本书是优秀的参考书。

　　马克·沃森（Marc Watson）撰写了许多关于人工智能实践方面的书籍：*Practical Artificial Intelligence Programming with Java*（2013）、*Practical Semantic Web and Linked Data Applications,Java,Scala,Clojure,and JRuby Edition*（2010）、*Practical Semantic Web and Linked Data Applications,Common Lisp Edition*（2011）。这三本书的重点与本书的重点有所不同。Watson 介绍了在具体的编程语言中使用的具体框架和工具。相比之下，我更愿意以服务图和产品图的形式来概述可用的工具，并说明在哪种环境中使用哪些工具以及如何集成它们。到目前为止，如果你会使用 Watson 书中的特定语言和工具，也可以进一步阅读 Watson 的书。

　　还要推荐一些关于 AI 的在线课程，这些课程与 *Artifical Intelligence: A Modern Approach* 一书的关注点类似：

- ❑ Udacity: Intro to Artificial Intelligence⊖
- ❑ Coursera: Introduction to Artificial Intelligence⊜
- ❑ edX: Introduction to Artificial Intelligence⊜

1.7　快速测验

 快速测验将有助于评估你是否了解本章的主题。请回答以下问题。

⊖　https://www.udacity.com/course/cs271
⊜　https://www.coursera.org/learn/introduction-to-ai
⊜　https://www.edx.org/course/introduction-to-artificial-intelligence-ai-3

1. 人工智能的含义是什么?

2. 人工智能的主要研究领域有哪些?

3. 请简述人工智能的历史。

4. 为什么说人工智能是相关的、无处不在的?

5. 人工智能应用对社会有哪些潜在影响?

6. 请说出人工智能领域几个著名的项目。

CHAPTER 2

第 **2** 章

机器学习

机器学习（ML）是目前最热门的 AI 领域，它代表非符号 AI，图 2-1 展示了机器学习在整个 AI 中的地位。

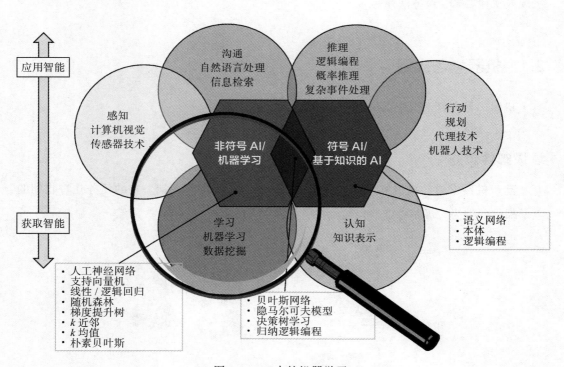

图 2-1 AI 中的机器学习

机器学习是什么意思？

机器学习能够基于从样本数据中自动生成的模型（"学习"）来做出决策或预测。

模型是在学习阶段（也叫训练阶段）自动生成的。在机器学习中设置经典编程中决策或预测的显式编程指令是不必要的。相反，机器学习算法通过处理数据来学习数据中存在的模式。

什么时候使用机器学习？

以下情况可使用机器学习：没有已知的算法或显式规则来解决问题，显式编程无法解决问题（如人脸识别），或者某种行为取决于太多的因素（例如垃圾邮件过滤）。

当有明确的算法或明确的规则来解决问题时，不要使用机器学习，例如，执行公司法规或法律要求（税务法律等）。

2.1　机器学习应用

机器学习在日常有很多应用，下面是一些例子。

垃圾邮件过滤

基于机器学习的垃圾邮件过滤应用于先进的电子邮件客户端。它的任务是将收到的电子邮件分类为垃圾邮件或非垃圾邮件，如图 2-2 所示。

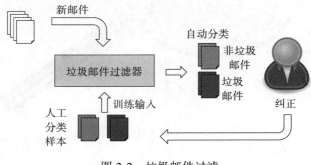

图 2-2　垃圾邮件过滤

　　垃圾邮件过滤用人工分类样本（垃圾邮件和非垃圾邮件）进行训练。在训练阶段之后，垃圾邮件过滤自动将电子邮件分类为垃圾邮件和非垃圾邮件。用户可以纠正机器学习的判断。这些纠正被用作新的训练样本，以提高未来分类的正确性。

股市分析和预测

　　预测股票市场发展，给出卖出或买进的建议，如图 2-3 所示。

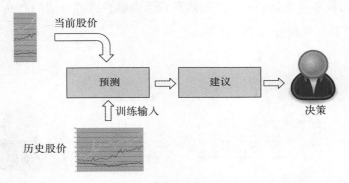

图 2-3　股市分析

　　预测模型是用历史股价不断训练的。它用于根据当前的股票价值预测股票的走势，然后可以使用这些预测提出建议。

欺诈检测

　　检测金融交易中的欺诈行为，例如可疑的信用卡付款，如图 2-4 所示。

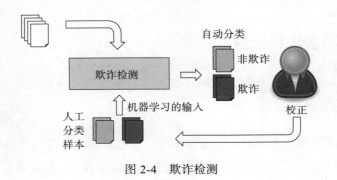

图 2-4　欺诈检测

整个过程类似于垃圾邮件分类。使用人工分类样本对机器学习应用进行训练，然后用于自动识别欺诈。银行职员确认到底有没有欺诈。对自动分类结果进行人工校正，进一步训练机器学习应用。与电子垃圾邮件分类相比，欺诈检测的样本不一定由单个项目组成，而可能由一系列交易组成。

推荐系统

推荐系统的任务是根据客户以前的购买行为向客户推荐合适的产品（购买此产品的客户也对这些产品感兴趣），如图 2-5 所示。

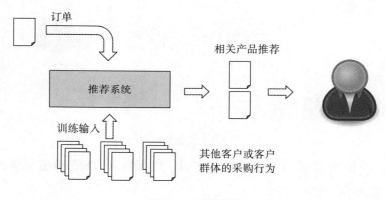

图 2-5　推荐系统

机器学习推荐系统用大量客户和相关客户群体的采购行为进行训练。然后，推荐系统根据客户的具体订单，向客户推荐相关的产品。

2.2　机器学习领域和任务

机器学习是一个广泛的领域。文献中有许多机器学习子领域和任务的分组及名称。图 2-6 展示了简单的机器学习分类方法。

机器学习可以分为三个领域：有监督学习、无监督学习和强化学习。有监督学习可以完成分类和回归任务。无监督学习可以完成聚类、特征选择／提取和主题建模任务。

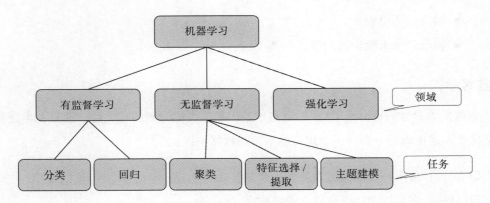

图 2-6　机器学习领域和任务

有监督学习

有监督学习假设一个（人类）监督者或训练者用样本训练机器学习应用。

- ❑ 设置：样本输入和监督者指定的预期输出。
- ❑ 目标：将新（未知）输入映射到正确输出的模型。

比如分类任务。

- ❑ 设置：给出一组样本输入数据记录（训练集），这些记录被分类为预定义的类。
- ❑ 目标：正确分类的模型。
- ❑ 例子：
  - ■ 垃圾邮件过滤。输入：电子邮件元数据和内容；分类："垃圾邮件"和"非垃圾邮件"。
  - ■ 欺诈检测。输入：金融交易；类别："欺诈"和"非欺诈"。

现在考虑回归的任务。

- ❑ 设置：一组样本输入数据记录，具有连续（而非离散）输出值，例如浮点数。
- ❑ 目标：尽可能准确地预测新输入值的输出值。
- ❑ 例子：股票价值预测。

■ 输入：历史股价。
■ 输出：未来股价预测值。

无监督学习

无监督学习目的是检测（大）数据集中难以被人类检测到的相关性，没有人类监督者定义什么才是正确的分类。一个相关的术语是数据挖掘。

❑ 设置：给出一组数据记录。
❑ 目标：在数据中找到有意义的结构。

考虑聚类任务的例子。

❑ 设置：给出一组输入记录。
❑ 目标：确定聚类，即相似记录分为一组，其中相似性度量最初是未知的。
❑ 例子，客户细分：应识别具有类似采购行为的客户组。然后，可以有区分性地对待这些目标客户组。

特征选择和特征提取任务。

❑ 设置：给出一组具有属性（"特征"）的输入数据。
❑ 特征选择的目标：找到适合分类 / 回归 / 聚类任务的原始属性的子集。其思想是在执行某个机器学习任务时，自动区分有意义的属性和可以省略的属性，而不会丢失信息。
❑ 特征提取的目标：与特征选择一样，特征提取的目标是识别对某一机器任务有意义的特征。在特征选择中，要选择原始特征集的子集。在特征提取中，从原始特征集构造一组新的特征。因此，各种原始特征可能组合成一个特征。
❑ 例子，客户细分：客户记录的哪些特征对客户细分有意义（如销售量），哪些没有意义（如姓名）。

最后，考虑这个主题建模任务。

❑ 设置：给出一组文本文档。

❑ 目标：查找多个文档中出现的主题，并相应地对文档进行分类。

❑ 例子：从该领域中的一组文章中自动提取特定领域的有意义的词汇。

强化学习

强化学习是一种学习形式，它与人类学习的方式最为相似。

❑ 设置：代理与动态环境之间进行交互，并且达到目的。

❑ 目标：改进代理的行为。

❑ 例子：下国际象棋的机器人试图赢得国际象棋比赛。强化学习可以应用于国际象棋机器人与自己对弈（或与其他国际象棋机器人对弈或与人对弈）。在对弈时，决策的效果将被用来优化决策的参数。

在 AI 应用开发中，各种机器学习任务经常组合在一起。例如，无监督学习通常在有监督学习之前应用。通过无监督学习，例如特征提取，对输入数据进行预处理。这通常是在自动机器学习过程的循环中进行的，然后是人工质量保证和适应过程。一旦识别出一组有意义的特征，就能成功应用有监督学习。

2.3 机器学习方法

在多年的人工智能研究中，人们已经提出并优化了许多不同的机器学习方法。在接下来的章节中，我将简要介绍几个突出的部分。

决策树学习

决策树可以用于有监督学习：分类以及回归。决策树通常是一种树，其中的内部节点表示对数据集属性值的测试；分支表示测试的可能结果；叶节点表示分类设置中的类，回归设置中的数值。

图 2-7 是一个简单的例子，维基百科[⊖]中的决策树学习页面。

⊖ https://en.wikipedia.org/wiki/Decision_tree_learning

这个决策树例子说明了泰坦尼克号上乘客的生存情况，这取决于他们的性别、年龄以及船上配偶或兄弟姐妹的数量。叶节点下面的数字显示了存活的概率和在叶节点上观察到的百分比。

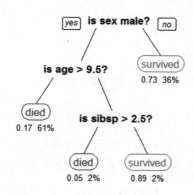

图 2-7 决策树学习

在训练阶段，可以从一组样本数据中自动生成决策树。然后，决策树可以简单地通过从根节点到叶节点的测试来对新的数据记录进行分类。

决策树的主要优点是易于理解和解释。人们能够在简短的解释后理解决策树模型，领域专家也可以验证生成的决策树。然而，在值不确定或许多属性存在相关性的复杂场景中，决策树往往变得过于复杂，不再容易被人类验证。

人工神经网络

受到自然的启发，人类发明了人工神经网络（ANN）。在人脑和神经系统中，神经元通过位于树突上的突触接收信号。当接收到的信号足够强时（超过一定的阈值），神经元就会被激活并发出电子信号——它就"触发"了。这个信号可能发送到另一个突触，并可能激活其他神经元。

学习是在哪里发挥作用的？如果一个神经元的输入反复地导致激活神经元，突触就会发生化学变化，从而降低其抵抗力。这种适应对神经元的激活行为有影响，如图 2-8 所示。

然而，人工神经元是以一种高度抽象的方式模拟自然界中的神经元。人工神经元由输入（如突触）组成，输入乘以权重（相应信号的强度），然后用数学函数计算。一个简单的例子是所有输入的加权和。这个函数决定了人工神经元的激活。另一个函数计算人工神经元的输出，有时候依赖

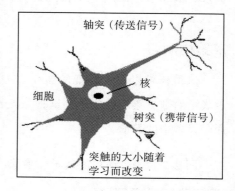

图 2-8 神经元（Galkin，2016）

于一个确定的阈值，如图 2-9 所示。

最后，人工神经网络（ANN）结合人工神经元来处理信息。它们由输入层、输出层组成，可能还有一些神经元的中间层。图 2-10 为一个简单的例子。

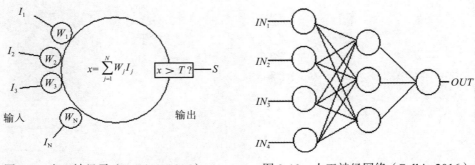

图 2-9　人工神经元（Galkin，2016）　　　图 2-10　人工神经网络（Galkin,2016）

例如，人工神经网络可以用来识别图像中的字符（OCR：光学字符识别）。在一个简单的设定中，比如每个图像精确地描述一个字符，图像的每个像素可以与神经网络的一个输入神经元相关联；每个可能的字符（a ～ z，A ～ Z）可以与输出神经元相关联。

在训练阶段，手工分类的图片被一个接一个地输入神经网络。图像的像素连接到输入神经元，手动识别的字符连接到输出神经元。在训练阶段，对人工神经元的权重和阈值进行调整，使输入神经元最优地适应各自的输出神经元。然后，在预测阶段，经过训练的人工网络可以自动对新图像进行分类，即识别图像上的字符。

图 2-11 是用最先进的机器学习工具 TensorFlow 实现的 ANN playground⊖。你可以尝试使用不同数量的层和神经元，对 ANN 在各种问题上的表现有一种感官认识。

人工神经网络很受欢迎，因为它们相对容易使用，不需要很深的统计背景。它们可以处理大量的数据，隐式地检测复杂的属性之间的关系。

一个重要的缺点是人工神经网络是一个黑盒系统。用户无法解释如何从输入数据中学习，因此也无法解释人工神经网络的分类。

⊖　http://playground.TensorFlow.org

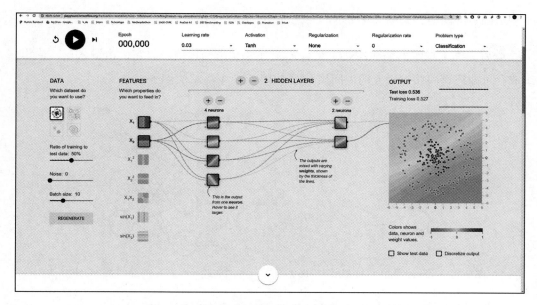

图 2-11　用 TensorFlow 实现 ANN playground

支持向量机是一种流行的替代人工神经网络的方法，它既有优点，也有缺点。

深度学习

深度学习是一种流行的人工神经网络体系结构，它有着一连串的层。每个层执行特定的任务，每个连续的层使用上一层的输出作为输入。单个任务的例子有特征提取（无监督学习）和分类（有监督学习）。深度学习是目前图像识别和语音识别任务中最常用的方法。级联中的第一层执行低级别的、面向像素的任务，包括特征选择；后面的层执行越来越复杂的任务，如高层级的识别。一个深度学习的例子，如图 2-12 所示。

第 7 章将更详细地介绍计算机视觉中的深度学习。

迁移学习

迁移学习是一种重复使用预训练的深层神经网络，为特定任务添加和训练附加层的技术。这种方法是有意义的，因为训练大型 ANN 可能耗费巨大的计算力，并且需要大量的训练数据。例如，为了对特定的犬种进行分类，你可以重复使用一个预先训练的 ANN

模型，如 ResNet[⊖]并添加层，用于对特定犬种进行分类。然后，你只需要用特定的训练数据来训练添加的层。

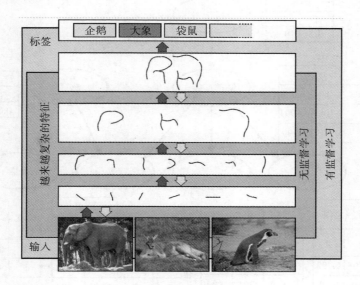

图 2-12　深度学习

第 7 章将更详细地介绍计算机视觉中的迁移学习。

贝叶斯网络

贝叶斯网络是一个有向无环图（DAG），它把随机变量作为节点，把条件依赖性作为边。

例如，贝叶斯网络可以表示疾病和症状之间的概率关系。给定症状，贝叶斯网络可以用来做诊断，并计算患各种疾病的概率，如图 2-13 所示。

在 Goodmann 和 Tenenbaum（2016）的例子中，"感冒"可能导致"咳嗽"和"发烧"等症状，而肺部疾病可能导致"呼吸急促""胸部疼痛"和"咳嗽"等症状。这些依赖关系在贝叶斯网络中建模成边。此外，每个个体情况的概率（随机变量）以及条件概率（例如，感冒时发烧的概率）也被表示出来。此外，病因和疾病之间的关系（例如，吸烟可能

⊖　https://keras.io/applications/#resnet

导致肺部疾病）也可以建模。

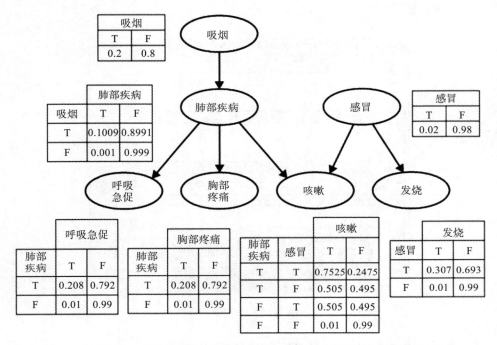

图 2-13　贝叶斯网络例子（Goodman 和 Tenenbaum，2016）

定义随机变量（本例中指"病因""疾病""症状"）及其依赖性是由专家（如医生）完成的。概率可能是源于医疗统计数据。

对贝叶斯网络建模之后，给定病人的症状，可以用贝叶斯网络来计算某些疾病的概率。计算基于贝叶斯条件概率。

贝叶斯网络比人工神经网络和支持向量机更具有优势，因为它可以解释那些建议背后的推理（可解释的 AI）。这当然仅在条件和依赖项已知并可以显式建模的领域中使用。

机器学习方法概述

除了前文简要介绍的方法，还有许多种机器学习方法。例如，归纳逻辑编程是早期的方法之一。该方法能够从样本中学习逻辑规则，例如，从大量人群的事实中学习这样的规则：父母（p_1，p_2）和女性（p_2）-> 女儿（p_2，p_1），其中包含谓词"父母""女性"和"女儿"。

这种纯粹基于逻辑的机器学习方法的主要缺点是样本数据必须 100% 正确。一个不正确的数据记录或一个罕见的特殊情况将使正确的规则无效（学习过的除外）。

在许多应用场景中，训练数据容易出现错误、噪声或其他数据质量问题，因此今天使用的大多数机器学习方法都是概率方法。它们只是忽略了罕见的异常，比如噪声。人工神经网络、支持向量机和贝叶斯网络是概率方法的明显例子，甚至决策树也能处理概率问题。

没有单一的最佳机器学习方法。有一些方法可以解释机器学习的结果，如贝叶斯网络和决策树，另一些则不可以。有些方法考虑到许多隐藏的、隐式的数据属性之间的依赖关系，而不需要显式建模，比如人工神经网络和支持向量机。为特定的用例选择一个机器学习方法需要丰富的经验，并且需要大量的实验和测试。图 2-14 对主要机器学习任务的主要机器学习方法进行分类，有助于做出正确的决策。

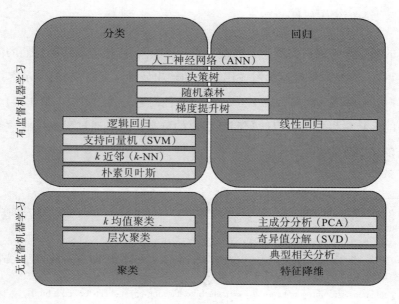

图 2-14　机器学习应用总览

为特定任务选择合适的 ML 方法时需要进一步的指导，机器学习领域的各种参与者提供了所谓的"机器学习备忘单"。选择如下：

- ❑ Microsoft[○-]
- ❑ SAS[⊖]
- ❑ Becoming Human[⊜]
- ❑ Peekaboo[⊛]
- ❑ The R Trader[⊞]

2.4 示例：使用决策树对客户进行分类

我举一个简单的决策树分类例子。我使用免费的基础版 RapidMiner Studio[⊗]，这是一个集成的用于机器学习的开发环境。在这个例子中，目的是进行客户评级。图 2-15 是数据集的子集，该数据集来源于 RapidMiner 教程。

客户有一些指定的属性，例如"性别""年龄""支付方式"和"最后一次交易"。这些属性是机器学习的输入属性。

该任务的目标是将客户归类为"忠诚"或"流失"，以便单独解决他们的问题，例如享受特别优惠。"流失"是机器学习应用预测的输出属性。"流失"值表示客户的预期损失。一些客户已经分类（例如，第 1 ~ 3 行），其他尚未分类（例如，第 4 行）。决策树是从已经分类的客户中生成的，以便预测新客户的分类。这是通过配置机器学习过程来完成的，如图 2-16 所示。

[○-] https://docs.microsoft.com/de-de/azure/machine-learning/media/algorithm-cheat-sheet/machine-learning-algorithm-cheat-sheet.svg

[⊖] http://www.7wdata.be/wp-content/uploads/2017/04/CheatSheet.png

[⊜] https://becominghuman.ai/cheat-sheets-for-ai-neural-networks-machine-learning-deep-learning-big-data-678c51b4b463

[⊛] http://peekaboo-vision.blogspot.com/2013/01/machine-learning-cheat-sheet-for-scikit.html

[⊞] http://www.thertrader.com/wp-content/uploads/2018/03/Picture3.jpg

[⊗] https://rapidminer.com/products/studio/

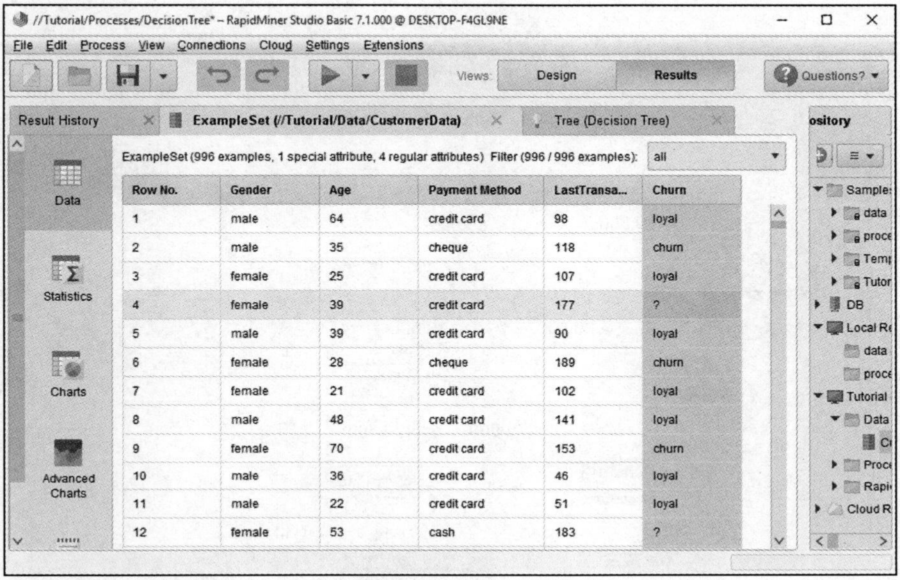

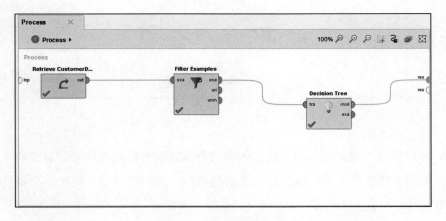

图 2-15　客户样本数据

图 2-16　机器学习过程

简单的机器学习过程由三个步骤组成，由连接的框标识。连接表示数据流。第一个过程步骤是检索客户数据。下一步是过滤那些已经分类的客户记录。最后一步是从那些记录中生成一棵决策树，并返回决策树结果。

图 2-17 是从客户记录中生成的决策树。

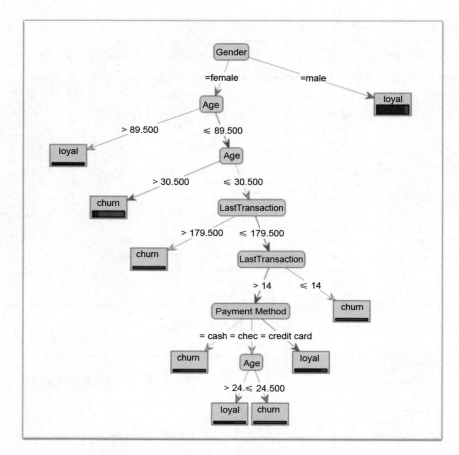

图 2-17   决策树

人们可以检查生成的决策树。这棵树表明男性顾客有忠诚的倾向。对于特定年龄组（>89.5 岁）的女性客户来说，她们也有忠诚的倾向。而对于其他年龄组，忠诚度取决于最后一笔交易和付款方式。

现在，这棵决策树可以应用于尚未分类的客户，结果如图 2-18 所示。

每个以前没有分类的客户（贴上"？"的标签）现在要么归类为"忠诚"，要么归类为"流失"，同时有相应的置信度，例如 0.798。

我们真的能信任决策树的分类吗？我将在下一节中讨论验证机器学习结果。

Row No.	Churn	prediction(Churn)	confidence(l...	confidence(...	Gender	Age	Payment Me...	LastTransaction
1	?	churn	0.202	0.798	female	39	credit card	177
2	?	churn	0.202	0.798	female	53	cash	183
3	?	churn	0.202	0.798	female	33	credit card	194
4	?	churn	0.202	0.798	female	71	credit card	27
5	?	loyal	0.890	0.110	male	81	cash	153
6	?	churn	0.202	0.798	female	54	cheque	146
7	?	loyal	0.890	0.110	male	63	credit card	102
8	?	churn	0.202	0.798	female	58	credit card	176
9	?	churn	0.202	0.798	female	45	credit card	150
10	?	churn	0.202	0.798	female	33	credit card	144
11	?	loyal	0.890	0.110	male	40	credit card	82
12	?	loyal	0.890	0.110	male	36	credit card	91
13	?	churn	0.202	0.798	female	72	credit card	158

图 2-18　分类结果

2.5　机器学习方法论

机器学习过程和数据流

实施有监督的机器学习应用过程包括两个主要阶段：训练阶段和生产使用。图 2-19 简要概述了 BPMN diagram[⊖]。

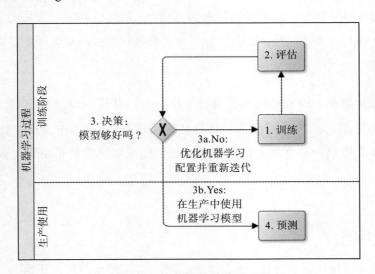

图 2-19　简化的机器学习过程

⊖　https://www.omg.org/spec/BPMN

在训练阶段，使用机器学习方法和数据集生成机器学习模型。但是我们真的能信任这个模型吗？它是否能够在使用时做出良好的预测？为了得到答案，必须要对模型的预测性能进行评估，即模型预测的实际准确性。评估是在测试集上完成的。如果模型足够好，那么它可以用于生产使用的预测。然而，通常第一代模型几乎不能直接使用。接着，需要调整机器学习的设置，例如采用不同的机器学习方法或修改参数，训练/评估周期，直到模型最终训练得足够好。图 2-20 是机器学习的过程并给出了有监督机器学习中的数据流。

在训练阶段，可以对原始数据集进行预处理，例如对某些值进行规范化。输入数据集采用表格形式。每行为一个训练样本。列代表输入属性（所谓的"特征"）和预期输出（所谓的"标签"）。然后将输入数据集拆分为训练集和测试集。训练过程使用训练集以及机器学习的配置来生成机器学习模型。

在评估阶段，机器学习模型在测试集中进行测试，仅使用其输入属性。将机器学习结果与预期输出（评估）进行比较，并且评估预测效果。

如果模型还不够好，那么需要调整机器学习方法。例如，预处理进行参数的微调，改变机器学习方法（例如，从决策树修改为 ANN），调整机器学习方法的参数（所谓的"超参数"），例如 ANN 中的层数和神经元，或者修改决策树的最大深度。然后不断迭代训练和评估过程。

如果模型足够好，即预测性能足够好，那么可以使用训练过的模型。为此，该模型可用于产品数据的机器学习应用。计算结果可以在 AI 应用中使用，例如显示在用户界面中。如果用户对计算结果进行手动验证，则可以反馈校正结果，重新进行训练改进。

预测结果评估

我们真的能信任机器学习应用的结果吗？我们有多相信结果是正确的？在生产中使用机器学习应用之前，了解它的准确率是很重要的。

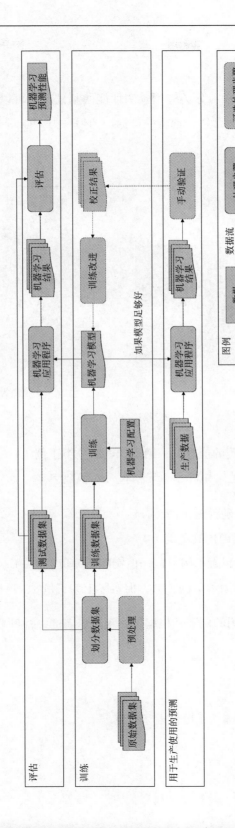

图 2-20　有监督机器学习中的数据流

混淆矩阵

混淆矩阵是衡量机器学习分类应用预测性能的基础。它可以区分机器学习应用是否混淆两个类别。机器学习通常错误地将一类标记为另一类，如图 2-21 所示。

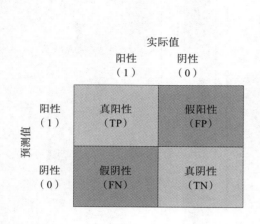
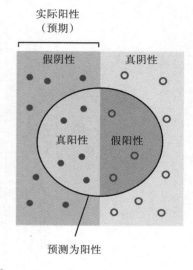

图 2-21　混淆矩阵

行与机器学习应用预测的值有关，用于二进制分类正例（1）和负例（0）。括号里的是实际值，即应该预测的值。矩阵的单元格包含 4 种数字：

❑ 真阳性（TP）：正确预测正例（1）

❑ 真阴性（TN）：正确预测负例（0）

❑ 假阳性（FP）：预测为正例（1），但实际上为负例（0）

❑ 假阴性（FN）：预测为负例（0），但实际上为正例（1）

考虑一个机器学习应用的例子，根据图像预测患者的癌性肿瘤。分类有两种结果：

❑ 恶性：患癌

❑ 良性：未患癌

图 2-22 是用于癌症预测的示范性混淆矩阵。

在这个例子中，在 100 个预测中，91 个是正确的（TP=1，TN=90），9 个是不正确的（FP=1，FN=8）。这是一个令人满意的预测性能吗？在下面的部分中，我们对各种预测性能的度量进行比对。

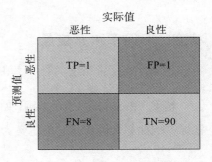

图 2-22　混淆矩阵：癌症预测例子

准确率

准确率（Accuracy）是一种简单、直观、常用的预测性能指标。它只是将正确预测的数量与所有预测相关联。定义如下：

$$Accuracy = \frac{正确预测的数量}{所有预测的数量}$$

对于二分类任务，准确率计算如下：

$$Accuracy = \frac{TP+TN}{TP+TN+FP+FN}$$

准确率是一个百分比，即值总是在 0 到 1 之间。值越高越好。75% 的准确率是否已经足够，或者说，99.9% 的准确率是否足够，这完全取决于应用用例。在实现机器学习应用之前，必须指定所需的准确率（或其他性能度量，取决于用例）。你能够在评估之后决定预测性能是否足够好，能不能在生产中使用。

在上面的癌症预测例子中，准确率可以计算如下。

$$Accuracy = \frac{TP + TN}{TP + TN + FP + FN} = \frac{1+90}{1+90+1+8} = 91\%$$

准确率 91% 看起来是一个不错的预测性能，不是吗？然而，让我们仔细想想。在这个例子中，9 个恶性肿瘤中有 8 个被错误地诊断为良性肿瘤。如果医生相信机器学习的分类，这些患者不会接受治疗，他们可能因为癌症没有被检测到而死亡。这简直就是灾难！

如此致命的错误分类率为何导致如此高的精度值？原因是数据集不平衡：91% 的样

本病例是良性的，只有 9% 是恶性的，我们感兴趣的是少数的恶性群体。

精度、召回率和 F 度量

预测性能度量精度、召回率和 F 度量比准确率更适用于不平衡数据集。

精度（Precision）又称为阳性预测值（PPV），对感兴趣类别的预测结果准确性的评价指标，例如恶性肿瘤。它的定义为真阳性样本占所有预测为阳性样本的比例。

$$\text{Precision} = \frac{\text{TP}}{\text{TP} + \text{FP}}$$

召回率（Recall）又称真阳性率（TPR）、灵敏度、功率或检测概率，它是正确分类阳性样本的概率。它的定义为真阳性样本占所有实际阳性样本的比例。

$$\text{Recall} = \frac{\text{TP}}{\text{TP} + \text{FN}}$$

精度和召回率都是百分比，即 0 到 1 之间的值。值越高越好。在上面的癌症分类例子中，以下值用于精度和召回率计算：

$$\text{Precision} = \frac{\text{TP}}{\text{TP} + \text{FP}} = \frac{1}{1+1} = 0.5$$

当机器学习应用于预测恶性肿瘤时，50% 的病例是正确的。

$$\text{Recall} = \frac{\text{TP}}{\text{TP} + \text{FN}} = \frac{1}{1+8} = 0.1$$

该机器学习应用只正确识别了 11% 的恶性肿瘤，而忽略了 89%。

精度和召回率是相互冲突的度量指标。只优化一种指标会降低另一种指标。例如，可以通过简单地实现一个预测器来确保 100% 的召回率，预测所有恶性病例。从理论上讲，你不会错过任何实际的恶性病例，但这样的预测器显然也不是完全有用。

因此，精度和召回率必须保持平衡。F 度量也称为 $F1$ 分数，定义为两种度量的谐波均值。

$$F = \frac{2}{\dfrac{1}{\text{precision}} + \dfrac{1}{\text{recall}}} = 2 \cdot \frac{\text{precision} \cdot \text{recall}}{\text{precision} + \text{recall}}$$

与精度和召回率一样，F 度量是 0 到 1 之间的值，并且越高越好。在上面的癌症分类例子中，F 度量可以计算如下。

$$F = 2 \times \frac{\text{precision} \cdot \text{recall}}{\text{precision} + \text{recall}} = 2 \times \frac{0.5 \times 0.11}{0.5 + 0.11} = 0.18$$

显然，18% 的低 F 度量比 91% 的高精度值更好地代表了机器学习应用的灾难性预测性能，两者都是基于相同的混淆矩阵。

分类任务选择哪种预测性能度量呢

为具体的分类用例选择合适的预测性能度量和符合要求的值是一项困难的任务。经验法则表明，在处理平衡数据集时，准确率作为一种简单易懂的度量不失为一个好的选择。

正如上面的例子所示，精度不应该用于严重不平衡的数据集。在这些情况下，考虑使用 F 度量。然而，F 度量在某些应用场景中也可能存在缺陷。请注意，F 度量只关注一类度量指标，根本不考虑真阴性。对于癌症预测例子，这可能是足够的，因为用例是关于治疗癌症而不是针对健康的人。在其他应用场景中，这可能根本不合适。

还有许多其他的预测性能度量，都有其优点和缺点。另一种流行的预测性能指标是 AUC（模型评估指标）。其他指标包括 Cohen's Kappa、Bookman Informedness、对数损失、特异度、患病率、阳性/阴性似然比、阳性/阴性预测值等。它们的定义请参阅维基百科混淆矩阵⊖页面。

回归的预测性能度量：MAE、MSE 和 RMSE

混淆矩阵和上面介绍的预测性能度量涉及分类任务，其中预测类别要么与实际类匹

⊖　https://en.wikipedia.org/wiki/Confusion_matrix

配，要么不匹配。在回归任务中，预测的是数值，要解决的问题是度量预测值与真实值
有多接近，如图 2-23 所示。

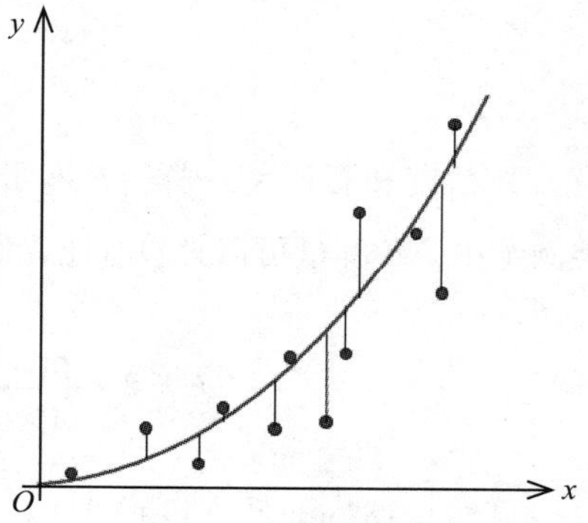

回归任务最常用的预测性能度量是平均绝对
误差（MAE）和均方根误差（RMSE）。

平均绝对误差（MAE）被定义为预测值$\hat{f}_i$与实
际值y_i之间差异的绝对值的平均值。

$$\mathrm{MAE} = \frac{1}{n}\sum_{i=1}^{n}\left|\hat{f}_i - y_i\right|$$

图 2-23   回归函数和数据点之间的误差

MAE 是一个大于或等于零的值，越低越好。
其中 MSE 的度量单位是回归任务的值之一。比如，如果房价是以美元为计量单位，那么
MAE 的度量单位也是美元，表示平均回归误差。

均方根误差（RMSE）被定义为预测值$\hat{f}_i$和实际值y_i之间差异的所有平方的根均值。

$$\mathrm{RMSE} = \sqrt{\frac{1}{n}\sum_{i=1}^{n}\left(\hat{f}_i - y_i\right)^2}$$

与 MAE 一样，RMSE 是一个大于或等于零的值，其度量单位是回归任务的值之一。
所以，两者是相似的。因为误差在平均之前是平方的，RMSE 对大误差给出了相对较高
的权重。因此，如果对大误差特别厌恶，则 RMSE 是首选的。请注意，RMSE 值大于或
等于 MAE 值。

通常，也会使用均方误差（MSE，它只是省略了 RMSE 公式中的平方根）。MSE
值不像 MAE 或 RMSE 值那样容易解释，因为它们是平方。在上面的房价预测例子中，
MSE 的度量单位是美元的平方（USD^2）。

k 折交叉验证

用于训练机器学习模型的训练集与用于评估模型的测试集是不相交的，这一点很重
要。参照图 2-19 中的流程步骤"划分数据集"。但要注意数据集的划分方式对训练以及

评估都有影响。想象一下，如果在癌症分类的例子中，偶然地让所有"良性"类的样本最终都出现在训练集中，所有的"恶性"类的样本最终都出现在测试集中。那么训练步骤不会生成合理的机器学习模型，评估步骤也不会对其进行有意义的评估。

　　在将输入数据集划分成训练集和测试集之前，随机打乱是一个好方法。但在这个过程中仍然存在一些偶然因素。k 折交叉验证是一种在很大程度上消除这种偶然元素的方法，如图 2-24 所示。

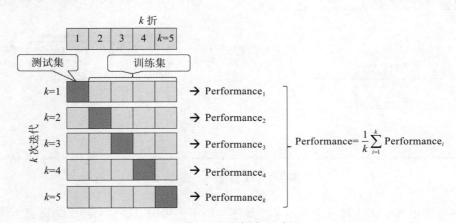

图 2-24　k 折交叉验证

它的一般流程如下：

1. 随机打乱数据集。

2. 将数据集分为 k 组。

3. 对于每组数据，执行 k 次操作：

1）将某组作为测试集。

2）剩下的 $k-1$ 组一起作为训练集。

3）用训练集训练一个新模型。

4）用测试集评估该模型，并计算预测性能。

5）保存预测性能指标并继续循环。

4. 返回 k 次计算预测性能的平均值作为结果。

许多机器学习库和工具包都有易于使用的组件，它们可以用于 k 折交叉验证。可以将 k 设置为参数，k 的一个典型取值是 $k=10$。

以前文介绍的客户评级的 RapidMiner 过程为例。RapidMiner 提供了一个验证过程，执行 k 折交叉验证。这可以用来评估客户评级决策树的准确性，如图 2-25 所示。

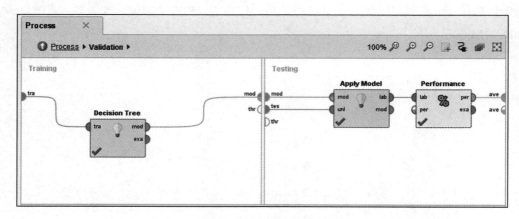

图 2-25 k 折交叉验证

验证过程由两个子流程组成。左手边的第一个子流程表示训练阶段。输入是训练集。决策树模块的输出是机器学习模型，即决策树。

右侧的第二个子流程表示评估阶段。模型应用的输入是决策树以及测试集。验证过程的结果是混淆矩阵和平均准确率，如图 2-26 所示。

accuracy: 83.89% +/- 3.49% (mikro: 83.89%)			
	true loyal	true churn	class precision
pred. loyal	509	76	87.01%
pred. churn	69	246	78.10%
class recall	88.06%	76.40%	

图 2-26   准确率

交叉验证结果表示为混淆矩阵，它显示了真阳性、真阴性、假阳性和假阴性的个数。对于每个类（"忠诚"和"流失"），显示精度和召回率。此外，总准确率为 83.89%。

偏差和方差——过拟合和欠拟合

如图 2-19 和图 2-20 所示，机器学习过程中的一个中心点是在机器学习模型还不够好的时候优化机器学习配置，但如何以有意义的方式做到这一点呢？更加简单地理解这个问题，我们引入回归任务的偏差和方差／过拟合和欠拟合的概念。请注意，这些概念同样适用于分类任务。

一个机器学习模型可以看作是训练数据的泛化。在有监督学习中，我们假设有一个实函数 f，其特征作为输入，目标作为输出。然而，f 是未知的，如果 f 是已知的，那么就根本不需要机器学习了。我们将从训练中得到的机器学习模型称为 $\hat{f}$。

$\hat{f}$ 应该尽可能接近 f。在实践中，$\hat{f}$ 不可能等于 f。这是由数据缺失、数据存在噪声等因素造成的。这些因素在任何情况下都会导致一些错误，有时被称为不相干错误。以癌症预测为例，图像数据只是关于病人的所有可能信息的一个极小的子集，图像数据本身会受到各种噪声的影响（这归咎于相机的物理特性、图像处理方式、存储方式等因素）。

因此，目标是找到一个函数 $\hat{f}$，它足够接近 f。图 2-27 可以说明这一点。

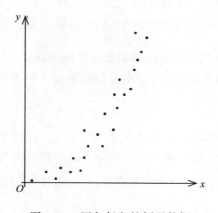

图 2-27　回归任务的例子数据

让我们简单地寻找一个多项式函数，它尽可能接近数据点。现在的问题是：多项式应该是几次？ 0（常数）、1（线性）、2（二次）或更高的次数吗？图 2-28 展示了三种不同的 $\hat{f}$ 选择。

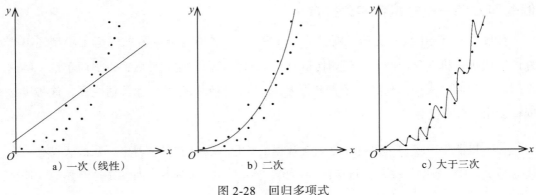

图 2-28　回归多项式

哪个是最好的？

如果我们简单地看一下训练数据的回归误差，例如，使用 MAE 度量，则 c 是最好的，因为多项式几乎拟合训练数据的每个数据点。但我们可以假设数据包含一些噪声，而真实（未知）函数 f 没有那么扭曲。

如果不知道应用域，我们就不能真正做出明智的决定。然而，通过直观地观察数据点，可以清楚地表明多项式 a（次数 =1）太简单，多项式 c（次数 >>3）太复杂。看起来二次多项式 b（次数 =2）最好地逼近真实函数 f，应该作为 $\hat{f}$。

偏差是机器学习模型 $\hat{f}$ 与训练集中的数据点之间的误差（例如，用 MAE 或 RMSE 测量）。在图 2-27 中，a 有最高的偏差，c 有最低的偏差，因为复杂的多项式 c 比简单多项式 a 更接近数据点。

方差表示如果更改训练数据，机器学习模型 $\hat{f}$ 随之变化了多少，例如，在 k 折交叉验证中采取不同的训练集。这个例子中，如果训练数据点发生变化，多项式 c 看起来会有很大的不同，而如果使用其他噪声数据点进行训练，则简单多项式 a 不会有太大变化。

偏差和方差是相互冲突的，两者都应该避免。如果机器学习模型过于简单，则偏差高，方差低。我们将在测试集上得到差劲的预测性能度量，我们称之为欠拟合。

另一方面，如果机器学习模型过于复杂，则方差高，偏差低。我们还将在测试集上获得差劲的预测性能度量。在训练集上的预测性能将会很好，因为模型学习到了数据中的噪声，但这与训练集上的预测性能是不相关的，我们称之为过拟合。

欠拟合和过拟合一样差劲。机器学习的技巧是找到合适的模型复杂度——既不太简单又不太复杂，如图 2-29 所示（引用自 Dataquest[⊖]）。

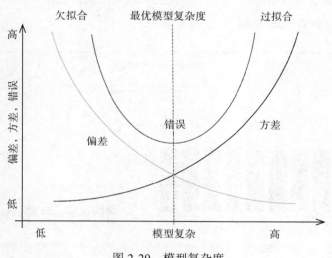

图 2-29　模型复杂度

一个机器学习模型的总误差来源于偏差和方差。无论是在欠拟合场景中（模型复杂度低、偏差高、方差低）还是在过拟合场景中（模型复杂度高、偏差低，方差高），总误差都是高的。然而，在偏差和方差平衡的情况下，总误差是最小的。

优化机器学习配置

在图 2-27 所示的简单例子中，可以通过目视观察数据点来猜测适当的模型复杂度。而在现实的机器学习场景中，有时有成百上千个特征，目视观察是不可能的。如果预测性能还不够好，如何在实践中优化机器学习配置？

如前文所述，可以改变机器学习方法（例如，从决策树变为 ANN），也可以调整超参数，例如，ANN 中的层数和神经元，或改变决策树的最大深度。优化机器学习

⊖ https://www.dataquest.io/blog/learning-curves-machine-learning

配置通常是一个经验问题（例如，参见 2.3 节的机器学习备忘单），试错也是一个经验问题。

试错方法明显不满足需求。你还可以将找到最佳机器学习配置视为优化任务，目标是达到最佳预测性能。很多机器学习工具包提供了此类优化的功能。如图 2-30 所示，RapidMiner 中的 AutoModel 功能。

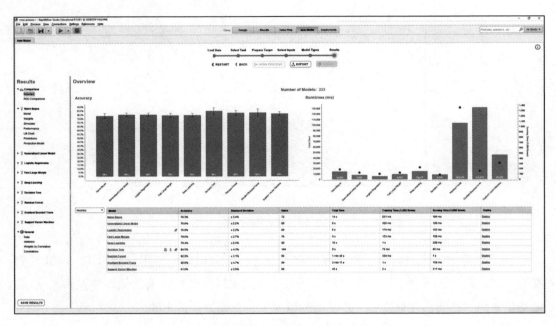

图 2-30　RapidMiner 中的 AutoModel 功能

在这里，使用 2.4 节中的客户分类例子。尝试 9 种不同的机器学习方法，包括深度学习、决策树和支持向量机。所有的方法都尝试不同的超参数，并显示最佳的预测性能。决策树的准确率为 85%，这是最好的方法。决策树方法也表现出最佳运行性能（76ms 用于训练，76ms 用于对 1000 个样本评分）。

然而，由于训练复杂的机器学习模型可能消耗大量的算力，因此优化机器学习配置的代价会更大。在下一节中，我将介绍一个更有效的优化机器学习配置方法。

学习曲线分析

学习曲线

机器学习的一般经验是：训练样本越多越好。因此，你会使用可用的训练数据来训练最佳模型。

然而，在学习曲线分析中，你故意删掉了大部分训练数据。你为什么要这么做？为了通过越来越多的训练数据了解机器学习预测性能的过程。图 2-31 是用于回归任务的学习曲线示意图（引用自 Dataquest[注]）。

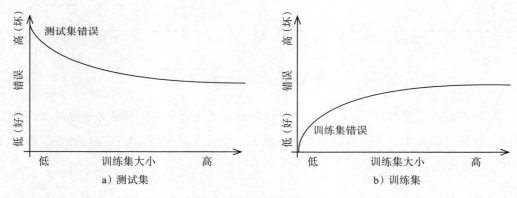

图 2-31　学习曲线

学习曲线的 x 轴是训练样本的数量，例如 $N=1$，10，50，100，500，1000，等等。y 轴是机器学习模型的预测性能，例如 MSE。对于一个回归任务，一个高的值是不好的，一个低的值是好的。你真正感兴趣的是优化测试集上的机器学习预测性能，如图 2-31a 所示。训练数据越多，机器学习模型越好，预测性能越好。这条曲线（测试集误差）正以渐近逼近的方式下降到某个最优点。

图 2-31b 是学习曲线，却是模型在训练集而不是测试集的预测性能。曲线以渐近方式不断上升到某个值。这是因为随着训练样本数量的增加，过拟合的影响正在减小。当你实际只对优化测试集上的预测性能感兴趣时，为什么要关注训练集？这是因为解释两条曲线的进展以及曲线之间的关系可能会提示你如何以有意义的方式优化机器学习配置。

─　https://www.dataquest.io/blog/learning-curves-machine-learning

解释学习曲线

观察图 2-32a 中训练集和测试集的学习曲线。

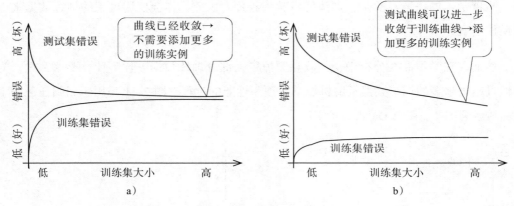

图 2-32 学习曲线分析

这两条曲线几乎都收敛了。很明显，使用相同的机器学习配置添加更多的训练数据不会对预测性能产生显著影响。如果你对模型比较满意，比如模型已经足够好，你就可以在生产中使用它了。

但是，如果测试集的误差太高，则需要调整机器学习配置。高误差表示高偏差。增加更多的训练数据并未显著改变预测性能，表明方差较低。高偏差和低方差表示欠拟合。因此，我们需要采取措施来增加模型复杂度。

假设增加模型复杂度后，得到的学习曲线如图 2-32b 所示。你可以观察到两点：1）训练集误差比之前收敛到更低值。2）测试集误差已经比以前更低（更好），但尚未收敛。这表明，增加模型复杂度已经产生了积极的影响，增加更多的训练数据将进一步提高预测性能。

增加和减小模型复杂度

当学习曲线分析显示处于欠拟合或过拟合的情况下，可以采取哪些措施分别增加和减少模型复杂度呢？你必须调整机器学习配置中的超参数。例如，你可以添加或删除特征，在 ANN 中增加或减少层数，在决策树中有更大或更小的最大树等。图 2-33 是增加和减少模型复杂度的可选措施。

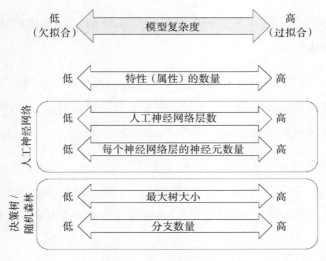

图 2-33   增加和减少模型复杂度

分类任务中的学习曲线分析

上面的学习曲线例子涉及回归任务。对于分类任务，学习曲线分析采用的是同样的方法，唯一的区别是预测性能指标，例如，采用准确率或 F1 评分，而不是 MAE 或 RMSE。在这里，高值是好的，低值是不好的。因此，这两种学习曲线是相反的，如图 2-34 所示。

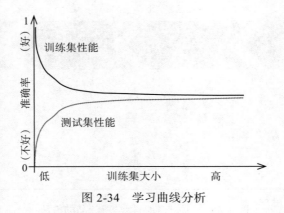

图 2-34   学习曲线分析

2.6 服务图和产品图

　　服务图和产品图是我在本书的相应章节中为每个 AI 领域提供的图表。这些图是什么，它们可以用来做什么？

　　服务图描述了 AI 产品提供的功能组。对于机器学习，可以使用机器学习库来编程机器学习应用，或者使用机器学习开发环境以图形方式组织机器学习应用。因此，"机器学习库"和"机器学习开发环境"是为机器学习服务的。

　　不同的工具和工具套件（商业和开源）提供不同的服务，这些服务经常重叠。产品图将服务映射到特定的产品。例如，TensorFlow 是一个机器学习库。实际上，产品图中工具描述为行，服务描述为列。每个产品图的表格可以在本书的附录中找到。

服务图和产品图的使用

　　你可以使用服务图和产品图为 AI 应用开发项目选择合适的产品。我推荐以下步骤。图 2-35 是选择 AI 产品的一个方法。

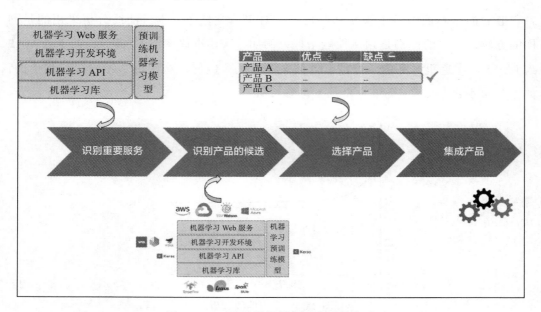

图 2-35　一种选择机器学习产品的方法

1. 确定相关服务：对于具体项目，标记相关的服务。例如，在预训练模型可用的应用域中，它们可能是相关的。

2. 确定候选产品：查阅产品图，检索包括相关服务的产品。这些都是潜在的候选产品。

3. 选择产品：现在选择一个产品或一组产品（最佳方法）。当然，这一步需要大量的专业知识。在许多组织中，已经有了产品评估过程的最佳实践。通常，首先定义评估标准，然后根据这些标准对候选产品进行评估。如果有太多的候选产品，那么就先准备一个入围名单。

4. 集成产品：将选定的产品集成到你的 AI 应用中。

注意：不同产品的集成代价可能很大。如果有一个与所有需求相匹配的工具，那就比最好的解决方案还好。另一方面，尽量避免厂商套牢。使用开放、标准化接口的产品，这样的产品便于在日后有需要时进行更换。

机器学习服务图

图 2-36 给出了机器学习产品服务类别的概述。

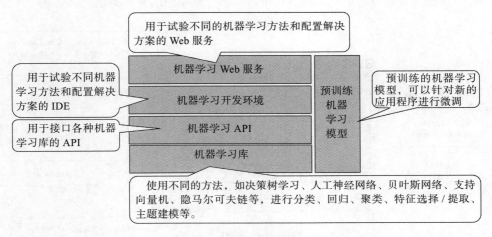

图 2-36　机器学习产品服务图

机器学习库提供分类、回归、聚类、特征选择 / 提取、主题建模等算法。使用不同的方法，例如决策树、人工神经网络、贝叶斯网络、归纳逻辑编程、支持向量机、隐马尔可夫链等来实现这些算法。这些算法是用某种编程语言实现的，例如 Python、Java 或 C/C++，并可用于兼容编程语言实现的 AI 应用。

机器学习 API 为各种机器学习库提供机器学习编程接口，例如运行在上面的 Keras、TensorFlow、CNTK 或 Theano。

机器学习开发环境尝试不同的机器学习方法、测试性能和配置方案。其中一些机器学习开发环境拥有程序可视化编程功能用来配置机器学习步骤。它们通常可以导出解决方案，然后可以作为库包含在 AI 应用中。

机器学习的网络服务提供与机器学习开发环境类似的功能，但不需要在本地安装。相反，可以通过网络使用它们。这意味着必须上传机器学习的数据集到云存储中。

最后，机器学习预训练的模型可以用于机器学习库、API、开发环境和网络服务来实现迁移学习。

机器学习产品图

图 2-37 描述机器学习的产品图，每个产品都分配相应的服务类别。

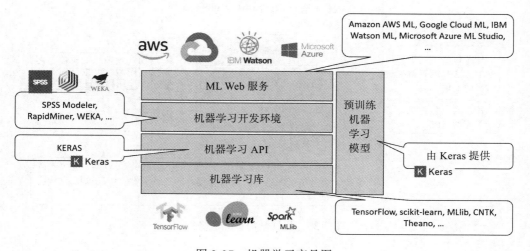

图 2-37   机器学习产品图

机器学习库包括 TensorFlow[一]、scikit-learn[二]、MLlib[三]、CNTK[四]和 Theano[五]。Keras[六]是机器学习 API 的一个例子。机器学习开发环境的例子有 SPSS Modeler[七]，RapidMine[八]和 WEKA[九]。机器学习的云服务器有 Amazon AWS ML[十]，Google Cloud ML[十一]，IBM Watson ML[十二]还有 Microsoft Azure ML[十三]，Keras 内部包含了很多预训练的模型，比如 ResNet[十四]。

2.7　机器学习应用工程化

方法论

将机器学习组件集成到 AI 应用中需要一些经验。因此，总结一下，我建议使用以下方法步骤作为指导，如图 2-38 所示。

1. 分析用例：与其他任意 IT 应用工程化一样，第一步是仔细分析用例，如利益相关者，要实现的应用目标和用户的需求。

2. 弄清机器学习任务：根据用户需求，应该识别相关的机器学习任务，例如分类、回归、主题挖掘等。

3. 仔细分析数据：与所有数据密集型任务一样，最重要的工作是与手头的数据集密切联系。为了开发合适的机器学习应用，必须了解数据实体及其属性的含义。统计和无

[一]　https://www.TensorFlow.org/
[二]　http://scikit-learn.org/
[三]　http://spark.apache.org/mllib/
[四]　https://docs.microsoft.com/en-us/cognitive-toolkit/
[五]　http://deeplearning.net/software/theano/
[六]　https://keras.io/
[七]　http://www-01.ibm.com/software/analytics/spss/products/modeler/
[八]　https://rapidminer.com/
[九]　http://www.cs.waikato.ac.nz/ml/weka/
[十]　https://aws.amazon.com/de/machine-learning/
[十一]　https://cloud.google.com/products/ai/
[十二]　https://www.ibm.com/cloud/machine-learning
[十三]　https://azure.microsoft.com/de-de/services/machine-learning/
[十四]　https://keras.io/applications/#resnet

监督机器学习方法可以用来更好地理解数据。

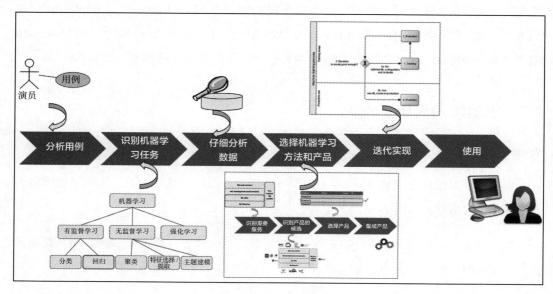

图 2-38   一种开发机器学习应用的方法

4. 选择机器学习方法和产品：哪种机器学习方法（决策树、人工神经网络、支持向量机、贝叶斯网络）适合于解决当前任务？哪些产品最适合？请参阅上面的方法，根据服务图和产品图为某个应用用例选择产品。

5. 迭代实现。

1）对原始训练数据进行预处理，例如，需要删除不必要的属性（例如，通过特征选择）、属性组合（例如，通过特征提取）、数值归一化，以及删除有质量问题的数据记录等。另见 4.3 节关于语义 ETL 的描述。

2）利用预处理的数据集对机器学习模型进行训练。

3）在生产中使用机器学习模型之前，应该对其进行验证，以评估预期的预测性能。

4）如果机器学习模型的预测性能不足，则应考虑预处理或调整机器学习配置。迭代地进行训练和验证。当达到足够高的准确率时，这个迭代过程就结束了。

6. 使用：最后，可以有效地使用机器学习应用。如果在生产使用过程中，部署了结果的人工验证，那么纠正的结果将可用于模型的再训练。

警示：有偏差的机器学习

机器学习应用缺乏鲁棒性（例如，参见 Baeza-Yates，2018；Mueller-Birn，2019）。

首先，训练数据只能反映实际中使用机器学习应用情况子集。其次，训练数据是历史性的，并不一定反映当前的情况。此外，各种形式的偏差会影响机器学习应用，如图 2-39 所示。

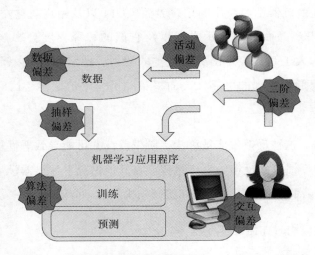

图 2-39　机器学习应用中的偏差（Baeza-Yates，2018）

在上面的章节中，我们讨论了算法偏差，例如，使用过于简单或过于复杂的模型导致欠拟合或过拟合。然而，在一个机器学习应用的生命周期中还有许多其他的偏差来源。

最令人困扰的是数据偏差，因为应用是数据驱动的。越来越多的媒体报道过机器学习应用中存在数据偏差（另见 O'Neil，2016；Mueller-Birn，2019）。在美国，具有非裔背景的美国人在法庭上用警察和法律风险评估软件系统评测时，会处于不利地位。在美国，学校分配软件歧视低收入家庭的儿童。研究表明，在公共场所使用人脸识别软件会导致系统的误判。所以，过去的歧视在未来会继续存在。

与数据偏差密切相关的是活动偏差，特别是当训练机器学习应用的数据是基于众包 Web 数据时。只有极少数的网络用户生成绝大多数内容，包括故意的错误信息，也就是"假新闻"。用于训练机器学习应用的数据通常被称为"真实数据"，但需要注意的是，这并不一定反映事实。

与数据偏差密切相关的还有样本偏差。例如，许多医疗应用依赖来自西方、受过教育、工业化、富裕和民主社会的数据（WEIRD）。WEIRD 社群代表了 80% 的研究参与者，但仅占世界人口的 12%，也就是说，他们不能代表全人类。

我们在上面的章节中详细讨论了算法偏差，包括检测和处理的方法。同样相关的是交互偏差，它是由机器学习应用的用户界面（UI）以及用户与它交互的方式引起的。机器学习预测在用户界面中的显示方式以及它们的解释程度会影响用户对它们的理解。人们经常认为人工智能表现出类似人类的智力。他们假设在一个情形中良好的性能保证在另一个情形中表现的可靠性，而事实并不一定是这样，这取决于应用是如何训练的。

偏差引发偏差。这种反馈效应被称为二阶偏差，并可能导致恶性循环。在一些机器学习应用中，用户反馈直接反馈给训练过程。在其他情况下，机器学习应用的使用会影响观点，从而导致新的众包数据，进而间接影响机器学习应用。

开发机器学习应用时如何处理偏差？

首先，要意识到这个问题。数据偏差超出了机器学习应用工程师的范围。然而，数据采样通常是他们的范围。与领域专家讨论和评估数据偏差是第一步。如上面的章节所示，有处理算法偏差的方法。然而，在文献中很少讨论用户界面在机器学习预测结果中的作用。解释预测的标准并表明对预测的置信度，将有助于人类更好地处理机器产生的建议。

2.8　快速测验

请回答以下问题。

1. 什么是机器学习？

2. 什么时候用（不用）机器学习？

3. 列举常用机器学习应用的名称。

4. 解释以下机器学习领域：有监督学习、无监督学习、强化学习。

5. 解释以下机器学习任务：分类、回归、聚类、特征选择或提取、主题建模。

6. 解释以下机器学习方法：决策树、人工神经网络、贝叶斯网络、深度学习。请说出其他方法。

7. 解释有监督学习的过程。如何使用训练数据和测试数据？

8. 解释度量准确性、精度、召回率、F1 评分、MAE、RSME 和 MSE。

9. 解释 k 折交叉验证。

10. 什么是偏差和方差？

11. 解释过拟合和欠拟合。

12. 学习曲线是什么？怎样解释它们？

13. 怎样增加或减少模型复杂度？

14. 学习曲线分析如何用于分类（而不是回归）？

15. 解释服务图和产品图的概念。它们如何用于项目中的产品选择？

16. 解释机器学习的主要服务。

17. 说出每个机器学习服务中主要的产品名称。

18. 如何在工程中进行机器学习应用（方法论）？

19. 机器学习应用中的偏差来源有哪些，如何处理它们？

✏️ 作业

Kaggle[一]是机器学习竞赛的主要举办方，数据集通常由公司提供，他们也为最好的提交结果提供奖金。提交后会按照预测结果排序。

1. 参加 Kaggle 分类竞赛 Titanic: Machine Learning from Disaster[二]。你必须在 Kaggle 注册才能参加比赛。你可以在网上找到数据（train.csv、test.csv 和作为提交例子的 gender-submission.csv）以及关于竞赛目标的字段描述。你可以使用任何你喜欢的机器学习工具，例如 RapidMiner。如果你想用 Python 编程解决方案，你可以遵循相应教程[三]。把你的解决方案提交给 Kaggle，把自己的结果和其他提交者比较一下。

2. 参加 Kaggle 的回归竞赛 Housing Prices Competition for Kaggle Learn Users[四]并按照第一项作业操作，如果你喜欢用 Python 编写解决方案，你可以按照教程学习[五]。

一　https://www.kaggle.com

二　https://www.kaggle.com/c/titanic/

三　https://www.kaggle.com/sashr07/kaggle-titanic-tutorial

四　https://www.kaggle.com/c/home-data-for-ml-course/overview

五　https://www.kaggle.com/dansbecker/basic-data-exploration

CHAPTER 3

第 3 章

知识表示

人工智能应用是基于知识的。因此，所有人工智能应用的核心问题是如何表示与应用领域相关的知识。

图 3-1 是人工智能领域中的知识表示。

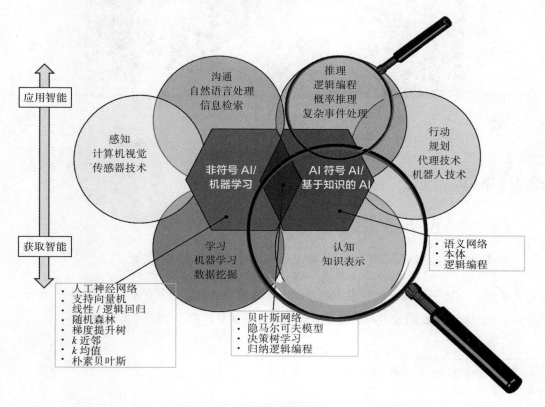

图 3-1　人工智能领域中的知识表示

知识表示是符号人工智能的一部分，涉及知识和推理的能力。

受到我参与的德国艺术博物馆的数字收藏[⊖]项目的启发，我将使用艺术作为本章以及本书其余部分示例的应用领域，如图 3-2 所示。

知识表示的相关问题是

- ❑ 如何表示知识，例如，"米开朗基罗是文艺复兴时期的艺术家。"
- ❑ 如何推理知识，例如，"创作画作的人是艺术家。"
- ❑ 如何回答问题，例如，"哪些文艺复兴时期的艺术家住在意大利？"

图 3-2   米开朗基罗（1475—1564）：《创造亚当》

3.1   本体

在本书中，我使用"本体"一词来表示具有以下定义的知识。

本体是特定应用域的知识表示，即表示相关概念及其之间的关系。

术语"本体"最初是在哲学中创造的，现在也用在计算机科学中。参见例子（Busse et al., 2015）。让我们看一些有关创意性艺术知识的具体例子（见图 3-3）。

⊖ https://sammlung.staedelmuseum.de

- Michelangelo was an Italian artist.
- He created many paintings, e.g., the "Creation of Adam" in the Sistine Chapel, Rome.
- He also created sculptures like David.
- He belonged to the artistic movement of Renaissance.
- People who create paintings are painters.
- Painters are artists.

图 3-3　艺术知识的具体例子

这些知识片段非正式地表示为英语句子。这些句子的不同部分用不同的符号标记。术语"艺术家""画作""雕塑"和"艺术运动"标记为深色框（实线）。它们代表概念类型，也就是类。短线虚线框中的术语是概念实例，也就是个体："米开朗基罗"是艺术家，"创造亚当"是一幅画，"大卫"是雕塑，"文艺复兴"是艺术运动。圆点虚线框标记的是关系：米开朗基罗"创造"大卫以及《创造亚当》，他"属于"文艺复兴运动。最后，浅色框（实线）标记的是一般规则：每位创作过画作的人是画家；属于画家类的每个人也都属于艺术家类，如图 3-4 所示。

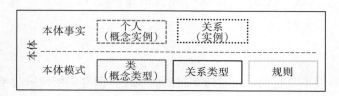

图 3-4　本体事实和本体模式

本体由事实和模式组成。事实基于模式。事实是个体（概念实例，例如米开朗基罗）和这些个体之间的具体关系（例如，米开朗基罗创造了大卫）。该模式指定类型层次（图中用实线框出）。类是个体的概念类型（例如，米开朗基罗是艺术家）。关系类型，例如"创作"定义了可以在个体之间指定的关系类型。最后，规则是本体模式的一部分。

某种形式的本体是许多 AI 应用的中心。扩展本体（即添加新概念）意味着扩展 AI 应用。

本体推理

本体比传统的关系数据库更强大。除了明确说明的知识外，知识可以通过推理获得。

考虑以下明确陈述的事实和规则：

❑ 米开朗基罗是一个人。

❑ 米开朗基罗创作了画作《创造亚当》。

❑ 每个创作画作的人都是画家。

从这种明确陈述的知识中，可以通过推理得出以下事实：

米开朗基罗是一个画家。

读者可以解释为什么推理结果是正确的。花点时间考虑一下。直觉、常识、解释是什么？你能从形式上用公式表示解释吗？如何构造计算机程序（推理引擎）以自动推导出新的事实？

实现推理引擎超出了本书的范围。这本书的重点是使用现成的组件（比如推理引擎）来设计人工智能应用（就像一本关于 JavaEE 工程应用的书不会解释 Java 编译器是如何实现的）。如需进一步阅读，请参阅（Russell 和 Norvig，2013）。

本体查询

知识表示本身并不是目的，而是达到目的的手段：回答应用领域的相关问题。因此，本体引擎包括一个查询接口，允许制定查询并检索结果。

考虑以下关于上述事实的问题和答案：

❑ 问题 1：谁画的《创造亚当》？回答 1：米开朗基罗。

❑ 问题 2：米开朗基罗是否画过《创造亚当》？回答 2：是的。

❑ 问题 3：米开朗基罗是画家吗？回答 3：是的。

❑ 问题 4：有哪些画家？回答 4：米开朗基罗（根据指定的事实，还有更多的画家）。

这四个问题有着不同的性质。

问题 1（谁画的《创造亚当》？）可以通过匹配明确表述的事实来回答（米开朗基罗

画的《创造亚当》），然后返回相匹配的人（"米开朗基罗"）。

问题 2（米开朗基罗是否画过《创造亚当》？）是类似的，但需要布尔型答案（这里回答：是的）。

问题 3（米开朗基罗是画家吗？）也需要布尔型答案，但不能通过简单地匹配明确表述的事实来回答。相反，需要本体推理来得出答案：米开朗基罗是一个人，画的是《创造亚当》；每一个创作过画作的人都是画家 => 米开朗基罗是画家。因此，答案是肯定的。

问题 4（有哪些画家？）也涉及推理，但需要一组个体作为答案。如果本体只包含上述事实，那么结果确实是只有 { 米开朗基罗 }。然而，如果拉斐尔、达·芬奇等的画作也出现在事实中，那么答案也会包含那些艺术家。

开放世界假设与封闭世界假设

问题 4（有哪些画家？）引出一个有趣的问题：如何确保本体是完整的，即实际上包含所有画家？

在我们太阳系的本体中，列出所有行星相对容易（尽管行星的定义可能会随着时间的推移而改变：冥王星现在只被认为是矮行星）。相反，对于艺术本体来说，几乎不可能列出所有以前的画家，其中很多画家不为人所知。谁来决定谁是"真正的"画家，谁只是草草画了几幅草图？

其他关键问题是计数问题（有多少画家？）和否定问题（哪些画家没有创作过雕塑？）。如果本体是不完整的，即使本体中的所有事实都是正确的，那么这些问题的答案也可能是错误的。

因此，本体查询结果的正确解释取决于我们所做的关于本体完整性的假设[⊖]。

在封闭世界假设（CWA）中，假设本体是完整的。这是一个舒适的环境，使查询结

⊖ 如果我们无法假设特定事实是正确的，那么情况会变得更加复杂。有很多的方法用来处理不确定性 [参考（Russell 和 Norvig，2013）]，如果可能的话，最好通过质量保证措施尽量避免这种情况。

果的解释变得容易。假设艺术本体仅限于一个特定的博物馆并且是完整的（封闭世界假设）。在这种情况下，问题 4 的答案（有哪些画家？）可能是"我们的博物馆里恰好有画家 X、Y、Z"；计数问题（有多少画家）的答案可能为"我们的博物馆目前正好有 *n* 位画家参展"；否定问题的答案（哪个画家没有创作雕塑？）可以为"对于画家 X、Y、Z，目前在我们的展览中尚无雕塑作品"。

在开放世界假设（OWA）中，假设本体是不完整的，新发现可以随时添加为事实。这并不意味着关于枚举、计数和否定问题根本就不能回答。但是，对结果的解释必须与 CWA 中的不同。例如，问题 4(有哪些画家？)的结果可以解释为"我们知道的画家……"而不是"所有画家……"；计数问题的结果（有多少个画家）可以解释为"我们至少知道 *n* 名画家"；否定问题（哪个画家还没有创作雕塑？）的回答可能会解释为"画家 X、Y、Z 目前尚无雕塑作品"。

OWA 和 CWA 之间的区别不在于技术，而在于业务应用逻辑，二者的区别也在于充分解释本体查询的结果。开发 AI 应用时，为了充分解释结果就必须弄清楚本体是在哪种假设下构建的。

3.2 知识表示方法

在上节中，我非正式地介绍了本体、本体推理和查询。为了在 AI 应用中使用知识，需要具体的知识表示形式以及这些知识表示形式的实现。在本节中，我简要介绍重要的知识表示形式。在人工智能研究中，它们已经发展了很多年，如今，它们或多或少地被用于实践中。更多详细信息请参见（Russell 和 Norvig，2013）。

谓词逻辑

谓词逻辑是一种数学形式，是许多知识表示形式的基础。事实和规则以谓词、量词和布尔运算的形式指定。在下面的例子中，painted（p，x）和 painter（p）是谓词；通用量词（"全部"，表示为字母"A"的倒置）和存在量词（"存在"，表示为字母"E"的旋转）；作为布尔运算，用于表示（"if…then"表示为箭头），如图 3-5 所示。

```
painted (Michelangelo, CreationOfAdam)
∀p: (∃ x: painted (p, x)) → painter (p)
```

图 3-5　谓词逻辑

解释：米开朗基罗画了《创造亚当》；每个画了作品的人是画家。

框架

框架是一种影响早期面向对象的知识表示机制，因此，当今大多数软件工程师都熟悉它，框架示例见图 3-6。

```
米开朗基罗              创造亚当
类型：人                类型：绘画
出生年份：1475 年       艺术家：米开朗基罗
出生地点：意大利        …
```

图 3-6　框架示例

解释：米开朗基罗是一个人，1475 年出生在意大利。《创造亚当》是一幅米开朗基罗创作的画。在框架系统中，规则和推理可以在算法上以 if-needed/if-added 的形式实现。

语义网络

语义网络因其直观的图形表示而广受欢迎。在图 3-7 中，个体用椭圆形表示，关系用箭头表示。

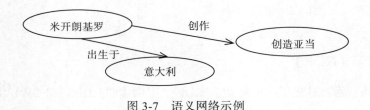

图 3-7　语义网络示例

规则

在基于规则的语言中，知识以事实和规则的形式表示。在图 3-8 的示例中，is_a 和

painted 是谓语，？p 和？x 是变量，person 和 painter 是类，-> 表示一种蕴含。蕴含左边的两个条件是隐式连接的，即通过布尔 AND 运算符连接。

解释：如果？p 是一个画了一些画的人，那么？p 是画家。

```
1    ?p is_a person
2    ?p painted ?x
3    ->
4    ?p is_a painter
```

图 3-8   规则

通用数据存储

通用数据存储在人工智能文献中很少提到，但在人工智能实践中通常被广泛使用。示例是关系数据库和 NoSQL 数据库，包括对象数据库、图数据库、键值存储、搜索索引和文档存储。

我曾与人合编了一本关于企业语义网络的书（Ege 等人，2015），书中介绍了 18 种在企业使用的人工智能应用。超过一半的应用使用了通用数据存储表示应用知识。这些应用的架构师出于性能、易用性以及更好地集成到企业 IT 应用环境中的原因做出了这样的决定。

3.3   语义网标准

在以下各节中，我将把 RDF 和 SPARQL 作为示例语言和技术来介绍知识表示。这些语言作为语义网计划[一]的一部分已经成为 W3C 标准，并且已经运用在实践中。在这本书中我用这些语言作为示例。然而，无论是 W3C 标准还是其他知识表示机制和技术，都不能视为当今人工智能应用中的事实标准。

资源描述框架（RDF）

RDF[二]代表资源描述框架。RDF 以及 RDF 之上构建的 RDFS[三]和 OWL[四]语言都基于谓

[一]   http://www.w3.org/2001/sw/

[二]   http://www.w3.org/RDF/

[三]   https://www.w3.org/2001/sw/wiki/RDFS

[四]   https://www.w3.org/2001/sw/wiki/OWL

词逻辑和语义网。

我将简要解释 RDF。比较全面的、面向实践的介绍，请参见（Allemang 和 Hendler，2011）。

资源和统一资源标识符

RDF 资源表示应用域中相关的任何内容，例如个体"米开朗基罗"，类"画家"，关系类型"创造"，等等。

在 RDF 中，每个资源都由统一的资源标识符（URI⊖）标识。

示例：维基数据中米开朗基罗的条目

```
1 <https://www.Wikidata.org/entity/Q5592>
```

RDF 命名空间

限定名将命名空间引入 URI，以减少输入工作量，提高可读性，并避免名称冲突。前缀的定义

```
1 @prefix wd: <http://www.wikidata.org/entity/>
```

上面的 URI 可以简单地指定为：

```
1 wd:Q5592
```

可以按如下方式指定默认命名空间：

```
1 @prefix : <http://www.wikidata.org/entity/> .
```

然后，可以完全不使用前缀指定上面的 URI：

```
1 :Q5592
```

注意 URI 不一定是一个晦涩难懂的 ID，但也可以是一个符号名，例如

```
1 :Michelangelo
```

⊖ http://www.w3.org/TR/webarch/#identification

RDF 三元组

在 RDF 中指定事实的主要结构是由主语、谓语和宾语组成的三元组。主语和谓语必须是 RDF 资源。对象可以是 RDF 资源，但也可以是 XML 数据类型[⊖]形式的文本值。

示例：

```
1 wd:Q5592 rdfs:label "Michelangelo" .
2 wd:Q5592 rdf:type :person .
3 wd:Q5592 :date_of_birth 1475 .
4 wd:Q5592 :movement wd:Q1474884 .
```

此命名空间和以下示例的命名空间为：

```
1 @prefix rdf: <http://www.w3.org/1999/02/22-rdf-syntax-ns#> .
2 @prefix rdfs: <http://www.w3.org/2000/01/rdf-schema#> .
3 @prefix owl: <http://www.w3.org/2002/07/owl#> .
4 @prefix wd: <http://www.Wikidata.org/entity/> .
5 @prefix : <http://h-da.de/fbi/artontology/> .
```

在第一个示例三元组中，主语是 wd:Q5592，谓词是 rdfs: label，对象是"Michelangelo"。每个三元组必须以句号结束。

图 3-9 是语义网络的示例三元组。

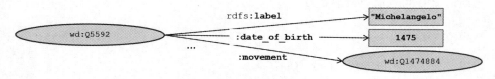

图 3-9   三元组显示为语义网络

该三元组可以理解为：米开朗基罗（Michelangelo）是一个出生于 1475 年的人，参加过文艺复兴时期的艺术运动（wd: Q1474884）。

为避免重复对象 dbpedia: Michelangelo 三次，可以使用缩写符号。该对象只声明一次，并且具有相同对象的三元组通过分号连接。三元组以句号结束。

⊖   http://www.w3.org/TR/webarch/#formats

下面的示例在语义上与上面的 3 个三元组相同。

```
1 wd:Q5592 rdfs:label "Michelangelo" ;
2          rdf:type :person ;
3          :date_of_birth 1475 ;
4          :movement wd:Q1474884 .
```

类

类表示概念类型，由 RDF 三元组定义，其中 rdf:type 为谓词，rdfs:class 为对象。

示例：

```
1 :person rdf:type rdfs:Class .
```

意思：Person 是一个类。

也可以使用 a 作为 rdf:type 的缩写。所以，上面的三元组可以写成：

```
1 :person a rdfs:Class .
```

个体，即概念实例，由 RDF 三元组指定 rdf:type 为谓词和类为对象。

例子：

```
1 wd:Q5592 a :person .
```

意思：米开朗基罗是一个人。

属性

关系类型定义为 RDF 属性。

例子：

```
1 :date_of_birth a rdf:Property .
```

意思：date_of_birth 是个属性（关系类型）。

RDF 属性可以用作 RDF 三元组中的谓词。

```
1 wd:Q5592 :date_of_birth 1475 .
```

意思：米开朗基罗出生在 1475 年。

RDF 和面向对象

RDF 的类和属性（以及建立在 RDF 之上的 RDFS/OWL）与面向对象设计和编程中的类和关联有一些相似之处。然而，也有根本区别。在面向对象中，每个实例都只属于一个类。在 RDF 中，不需要指定类和 rdf:type 类型关系。可以指定零个、一个，或者几个 rdf：type 类型关系。此外，没有对主语、谓词和对象进行类型检查。更多细节详见（Allemang 和 Hendler, 2011）。

其他序列化语法

以上介绍的 RDF 语法称为 Turtle[⊖]。应当指出，其他 RDF 序列化存在以下语法：N-Triples[⊜]和 RDF/XML[⊜]。

链接数据

链接数据®旨在为各种应用创建、互连和共享本体。链接数据是基于上面介绍的 W3C 语义网技术。已经创建了大量全面的本体，并且可以公开获取。请参见图 3-10 中的链接开放数据云[⊛]。

主要的链接数据本体是 WikiData®、DBpedia[⊕]和 YAGO^⑾。

Schema.org®是一项开放计划，最初由搜索引擎提供商 Google、微软、雅虎和 Yandex 发起。它基于 RDF 并提供网页上讨论的指定语义内容，包括人员、组织、位置、产品、事件等。网站提供商可以通过机器可读的语义标记方式来丰富人类可读的内容。

⊖ http://www.w3.org/TR/2014/REC-turtle-20140225/

⊜ http://www.w3.org/TR/2014/REC-n-triples-20140225/

⊜ http://www.w3.org/TR/2014/REC-rdf-syntax-grammar-20140225/

㉑ http://linkeddata.org/

㊄ https://lod-cloud.net

㊅ https://www.wikidata.org

㊎ http://wiki.dbpedia.org/

㈧ https://yago-knowledge.org/

㈨ https://schema.org

Google 引入了术语知识图，即 Google 收集的此类数据用于搜索引擎的语义特征，例如 Google 信息框。同时，术语知识图还用于关注事实的其他大规模本体，包括 Facebook 图谱和 Microsoft Office 图谱。Wikidata、DBpedia 和 YAGO 也可以视为这种意义上的知识图谱。

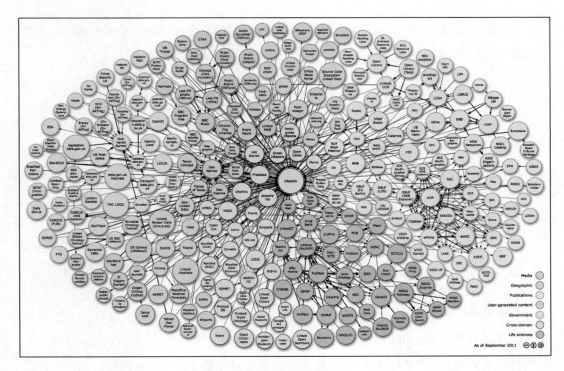

图 3-10　链接开放数据云

OpenStreetMap[⊖]和 GeoNames[⊖]等项目使用不同的技术，但也遵循链接数据的思想。

链接数据很重要：由于社区编辑和网络效应，话题覆盖面十分广泛。然而，并不是每一个大型链接数据集都适合特定的人工智能应用。在 3.7 节中，我给出了本体选择和创建的提示消息。

⊖　https://www.openstreetmap.org/

⊖　http://www.geonames.org/

例子：艺术本体

在这本书中，我以 RDF 中的一个艺术本体为例。艺术本体是一个自定义的维基数据子集。维基数据本身就是一个大众社区，旨在为维基百科的信息框和最全面的公共知识图提供信息。

维基数据提供了一个爬虫 API，用于提取 AI 应用的自定义本体。艺术本体爬虫是在我的研究项目 Humm 2020 中开发的。爬虫代码已在 GitHub[⊖]开源。

艺术本体包括大约 190 万个 RDF 三元组：

❑ 约 180 000 件艺术品（画作、素描和雕塑），例如蒙娜丽莎（Mona Lisa）。
❑ 27 000 个图案，例如山脉。
❑ 20 000 位艺术家，例如达·芬奇（Leonardo da Vinci）。
❑ 7 300 个地点，例如卢浮宫。
❑ 720 种材料，例如油漆。
❑ 320 种流派，例如肖像。
❑ 270 个艺术领域，例如文艺复兴时期。

本体模式

在图 3-11 中，Art Ontology 模式以 UML[⊖]类图的形式表现出来。请注意，RDF 没有提供指定类的必要属性和它们的数据类型以及类之间的关联的方法。但是，艺术本体爬虫可满足此模式，使用艺术本体的应用可以依赖它。

艺术本体模式由 7 个类组成。艺术作品是与其他类别连接的核心类，这些类别有人物、运动、材料、流派、地点和主题，将艺术作品与其创作者、所描绘的主题、艺术作品的展示地点、材料、艺术运动和艺术流派联系起来。所有类都共享公共属性，在超类 abstract_entity 中表示：id、标签、描述、概要、图片和维基百科链接。有些类别有其他属性，例如性别、出生日期、死亡日期、出生地、死亡地和国籍。

⊖ https://github.com/hochschule-darmstadt/openartbrowser/blob/master/scripts/data_extraction/art_ontology_crawler.py
⊖ http://www.uml.org/

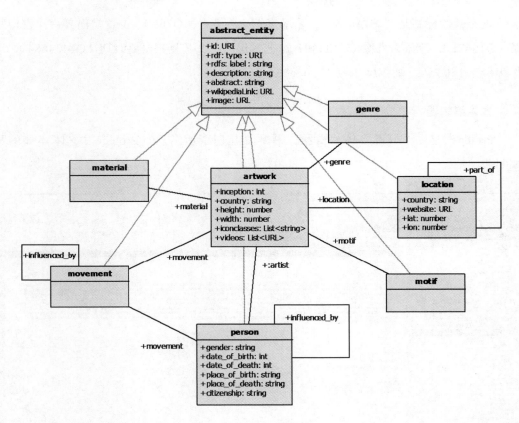

图 3-11   艺术本体模式

这是蒙娜丽莎（Q12418）的一个子集。

```
1  wd:Q12418 a :artwork;
2       rdfs:label "Mona Lisa" ;
3       :description "oil painting by Leonardo da Vinci" ;
4       :image <https://upload.wikimedia.org/wikipedia/commons/e/ec/Mona_
        Lisa%2C_by_Leon\
5  ardo_da_Vinci%2C_from_C2RMF_retouched.jpg> ;
6       :artist wd:Q762 ;
7       :location wd:Q19675 ;
8       :genre wd:Q134307 ;
9       :movement wd:Q1474884 ;
10      :inception 1503 ;
11      :country "France" ;
12      :height 77 ;
13      :width 53 .
```

这幅画的标签是"蒙娜丽莎",艺术家是达·芬奇(Q762),位置是巴黎卢浮宫博物馆(Q19675),流派为肖像(Q134307),艺术运动为文艺复兴全盛时期(Q1474884),创作年份为 1503 年,画作尺寸为 77cm×53cm。

本体编辑器

Protégé[⊖]是一个开源本体编辑器。图 3-12 是一个示例,即 Protégé 中艺术本体的蒙娜丽莎。

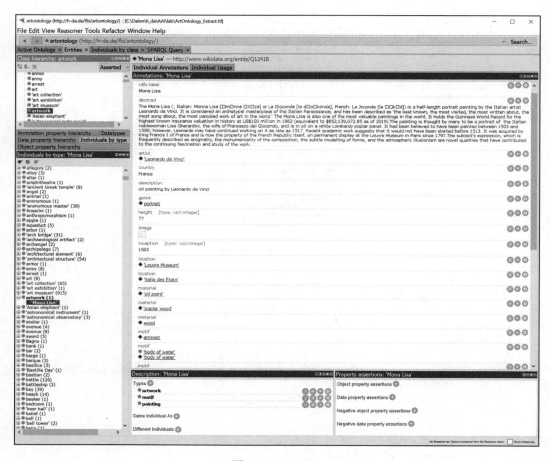

图 3-12   Protégé

⊖ http://protege.stanford.edu/

3.4　查询本体

SPARQL[一]是 RDF 的查询语言，也符合 W3C 标准。

SPARQL 命名空间

SPARQL 也支持命名空间，但语法与 RDF 略有不同。例如，一些相关命名空间也会不同。关键字 PREFIX 用于定义命名空间前缀，由冒号与完整命名空间分隔。

```
1 PREFIX rdf: <http://www.w3.org/1999/02/22-rdf-syntax-ns#>
2 PREFIX rdfs: <http://www.w3.org/2000/01/rdf-schema#>
3 PREFIX wd: <http://www.wikidata.org/entity/>
4 PREFIX : <http://h-da.de/fbi/artontology/>
```

简单 SPARQL 查询

SPARQL 使用类似于 SQL[二]的关键字 SELECT 和 WHERE。查询条件以 RDF 三元组表示，可以在其中使用变量。变量以问号开头。

```
1 SELECT ?d
2 WHERE {
3 ?p rdfs:label "Leonardo da Vinci";
4 :date_of_birth ?d .
5 }
```

在这个查询中，保存出生日期的变量是 ?d。

可以看出，该查询包含两个三元组，SPARQ 中可以使用缩写 RDF 符号，该符号通过分号将多个三元组与同一主题连接起来。每个三元组构成一个查询限制 - 隐式 AND 连接。我们查询带有标签" Leonardo da Vinci"的条目 ?p 和一些 date_of_birth 条目 ?d。如果可以在本体中找到这样的组合，则将其作为查询结果返回。

图 3-13 是此次查询及其在加载艺术本体后在 SPARQL 服务器 Apache Jena Fuseki[三]中执行的结果。

[一]　http://www.w3.org/TR/sparql11-query/

[二]　http://www.iso.org/iso/home/store/catalogue_ics/catalogue_detail_ics.htm?csnumber=53681

[三]　https://jena.apache.org/documentation/fuseki2/

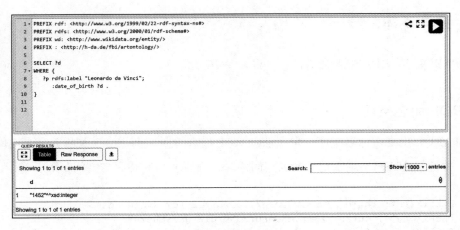

图 3-13　Fuseki 中一个简单的 SPARQL 查询

由于艺术本体是 Wikidata 的一个摘录，你可以在 Wikidata查询服务上（见图 3-14）执行相似的查询。由于 Wikidata 对所有属性都使用隐晦难懂的 id，例如，wdt:P569 用于出生日期，有一个查询助手，建议部分查询。自己尝试下！

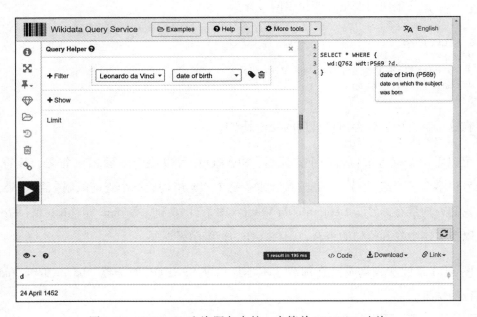

图 3-14　Wikidata 查询服务中的一个简单 SPARQL 查询

假设我们对出生在巴黎的艺术家感兴趣。

```
1 SELECT ?l
2 WHERE {
3     ?p a :person ;
4     :place_of_birth "Paris" ;
5     rdfs:label ?l .
```

此查询由 3 个三元组组成。我们查询 person 类中出生地为"Paris"的实例并返回它们的标签。在艺术本体执行，此次查询将得到 690 位艺术家，包括爱德华·马奈、克劳德·莫奈和雅克·卢梭。

多个查询结果变量

当你对多值查询结果感兴趣时，在 SPARQL 查询的 SELECT 子句中可以指定多个结果变量。例如，下面的查询将列出艺术家及其相应的出生地。

```
1 SELECT ?l ?b
2 WHERE {
3     ?p a :person ;
4         rdfs:label ?l ;
5         :place_of_birth ?b .
6 }
```

查询结果是成对的 ?l 和 ?b，如图 3-15 所示。

如果需要返回所有使用的变量，在 SQL 使用 SELECT *。

不同的查询结果

与 SQL 中一样，SELECT DISTINCT 避免结果集中出现重复项。

以下查询列出了 Art Ontology 中的艺术品的国家 / 地区。

```
1 SELECT DISTINCT ?c
2 WHERE {
3     ?p a :artwork ;
4         :country ?c .
5 }
```

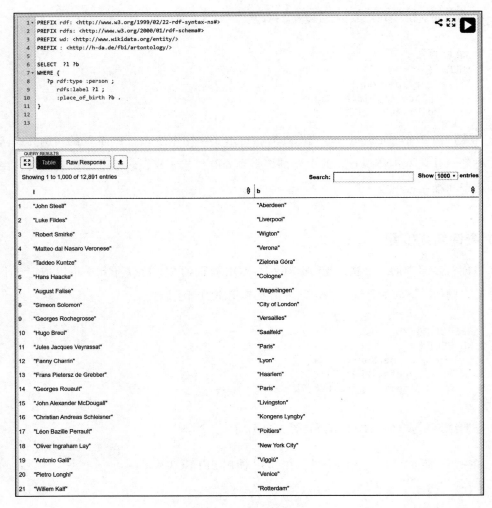

图 3-15   多变量查询

路径表达式

路径表达式是在 RDF 图中表示遍历的一个方便缩写。考虑以下查询，在巴黎出生的艺术家的艺术品。

```
1 SELECT ?n ?l
2 WHERE {
```

```
3      ?a a :artwork ;
4         rdfs:label ?l ;
5         :creator/:place_of_birth "Paris" ;
6         :creator/rdfs:label ?n .
7 }
```

两个条件：艺术品 ?a 有一位创作者和这位创作者的出生地为"巴黎"，可以方便地表达为

```
1 ?a :creator/:place_of_birth "Paris" .
```

注意，路径表达式只是为了方便表达。同样的情况可以用 2 个三元组来表示。

```
1 ?a :creator ?p .
2 ?p :place_of_birth "Paris" .
```

传递闭包

SPARQL 提供了一个强大的结构来查询传递闭包。考虑这个问题，要找到直接或间接受到保罗·塞尚（Paul Cézanne）影响的艺术家。

首先考虑下面的 SPARQL 查询。

```
1 SELECT *
2 WHERE {
3     ?p a :person;
4        :influenced_by/rdfs:label "Paul Cézanne" .
5 }
```

它将根据艺术本体中的事实，返回所有直接受保罗·塞尚影响的人：4 位艺术家，包括巴勃罗·毕加索和文森特·梵高。如果我们对受这 4 位影响的艺术家感兴趣，包括那些受他们影响等（1..n 乘以 influenced_by 关系），然后查询条件必须修改如下。

```
1 ?p :influenced_by+/rdfs:label "Paul Cézanne"
```

influenced_by+ 中的加号表示传递闭包（1..n）。这将出现 15 位艺术家，包括以前的巴勃罗·毕加索（Pablo Picasso）和文森特·梵高（Vincent van Gogh），还有萨尔瓦多·达利（Salvador Dalí）、保罗·克莱（Paul Klee）、瓦西里·康定斯基（Wassily Kandinsky）、弗朗兹·马克（Franz Marc）等。如果要在结果集中包含 Paul Cézanne（0..n：

自反和可传递闭包），那么你必须像"influenced_by*"中那样使用星号。

高级功能

下述高级 SPARQL 特性在实际使用中也很重要，但是本书不做详细介绍。

- ASK 查询：用于检查条件（布尔结果）。
- FILTER：用于表达其他条件，例如，关于数据类型。
- OPTIONAL：用于指定可选值。
- EXISTS/NOT EXISTS：用于定义否定查询。
- GROUP BY，HAVING：用于汇总。
- ORDER BY：用于对查询结果进行排序。
- 子查询：用于嵌套查询。

有关这些特性和其他特性，请参考 SPARQL 说明[⊖]。

3.5   基于规则的推理

概述

推理是从本体中已有的事实中获取新知识的主要 AI 技术。一种直观的、流行的指定推理行为的方式是规则。规则的形式为"如果满足条件则得出结论"。基于规则的推理在 AI 中有着悠久的历史。除了 Lisp 之外，Prolog[⊖]编程语言（LOgic 编程）是 20 世纪 80 年代最流行的 AI 编程语言之一。

有两种基于规则的推理方法：正向推理和逆向推理。在正向推理中，推理引擎从事实开始，并应用所有指定的规则以找到所有可能的结论，对这种扩展本体的查询将包括规则中指定的逻辑。逆向推理的操作则相反。从一个特定的查询开始，为回答查询所必需使用的规则。逆向推理有时称为目标导向推理，而正向推理称为数据驱动推理。

⊖ http://www.w3.org/TR/sparql11-query/

⊖ https://en.wikipedia.org/wiki/Prolog

哪种方法更好？当然，这取决于应用用例，尤其是查询的类型和分支规则。某些技术仅提供一种策略（例如，Prolog 提供逆向推理），其他则结合了正向推理和逆向推理（例如 Drools 专家⊖）。

对于语义网，有多种基于规则的推理方法，或多或少用于实践。自 2004 年以来，SWRL（语义 Web 规则语言）⊖是 W3C 成员提交草案，但不是 W2C 标准，并且在实践中没有被广泛采用。OWL⊜推理基于集合论。与基于规则的方法不同，推理逻辑是通过约束、交集、补码和并集实现的。一些 RDF 三元组存储实现（如 Apache Jena）提供它们自己的规则语言，如 Jena 规则⑭。Jena 规则提供了正向推理和逆向推理。GraphDB⑮提供正向推理的专有规则。

SPARQL 更新⑯提供根据现有事实更新本体的方法。这种机制可用于基于规则的正向推理。由于 SPARQL 更新语句是 SPARQL 查询的直观扩展，并且由 W3C 标准化，我将在下一节介绍它们。

SPARQL 更新

假设你要查询“艺术本体”中既是画家又是雕塑家的艺术家。但是，在艺术本体模式中，并没有画家和雕塑家概念的直接表示。但是你可以使用以下规则从艺术本体推断出此信息：

1. 创作画作的人被视为画家。

2. 创作素描的人被视为画家。

3. 创作雕塑的人被视为雕刻家。

⊖ https://www.drools.org
⊖ https://www.w3.org/Submission/SWRL
⊜ https://www.w3.org/TR/2012/REC-owl2-overview-20121211
⑭ https://jena.apache.org/documentation/inference
⑮ http://graphdb.ontotext.com/documentation/standard/reasoning.html
⑯ https://www.w3.org/TR/sparql11-update

使用 SPARQL INSERT 语句可以很容易地表示这些规则。

```
1 INSERT {?c a :painter}
2 WHERE {
3   ?a a/rdfs:label "painting" ;
4      :artist ?c .
5 }
6
7
8 INSERT {?c a :painter}
9 WHERE {
10  ?a a/rdfs:label "drawing" ;
11     :artist ?c .
12 }
13
14
15 INSERT {?c a :sculptor}
16 WHERE {
17  ?a a/rdfs:label "sculpture" ;
18     :artist ?c .
19 }
```

SPARQL INSERT 语句允许 RDF 三元组在 INSERT 关键字之后，其中包含根据 WHERE 部分中指定的条件匹配的 SPARQL 变量。WHERE 部分可以包含 SPARQL 查询中指定的所有内容。在上面的示例中，假设艺术本体包含 Wikidata 类型信息，例如 wd：Q3305213（画作），wd：Q93184（素描）或 wd：Q860861（雕塑）表示艺术品。WHERE 条件直接使用路径表达式。

在 Fuseki 网络应用中尝试使用 SPARQL INSERT 语句时，请确保 SPARQL 端点设置为 update（更新），如图 3-16 所示。

执行更新操作后，将返回成功消息。

在执行了上面指定的 3 条 INSERT 语句之后，既是画家又是雕塑家的艺术家的查询，可以方便直观地指定和执行，如图 3-17 所示。

在此 SPARQL 查询中，使用了两种 RDF 缩写符号：使用分号连接同一对象的多个谓词，并使用逗号连接同一谓词的多个对象。当你希望检查生成的 RDF 三元组时，可以使用 SPARQL CONSTRUCT 查询而不是 INSERT 语句，如图 3-18 所示。

query ⊥ upload files ✐ edit ⓘ info

SPARQL query

To try out some SPARQL queries against the selected dataset, enter your query here.

EXAMPLE QUERIES
Selection of triples   Selection of classes

PREFIXES
rdf rdfs owl xsd ⊕

SPARQL ENDPOINT
/ArtOntology/update

CONTENT TYPE (SELECT)
JSON ▸

CONTENT TYPE (GRAPH)
Turtle ▸

```
2   PREFIX rdfs: <http://www.w3.org/2000/01/rdf-schema#>
3   PREFIX wd: <http://www.wikidata.org/entity/>
4   PREFIX : <http://h-da.de/fbi/artontology/>
5
6   INSERT {?c rdf:type :sculptor}
7   WHERE {
8       ?a rdf:type/rdfs:label "sculpture" ;
9           :artist ?c .
10      }
11
```

QUERY RESULTS
Table   Raw Response   ⬇

```
1   <html>
2   <head>
3   </head>
4   <body>
5   <h1>Success</h1>
6   <p>
7   Update succeeded
8   </p>
9   </body>
10  </html>
11
```

图3-16　SPARQL INSERT 语句

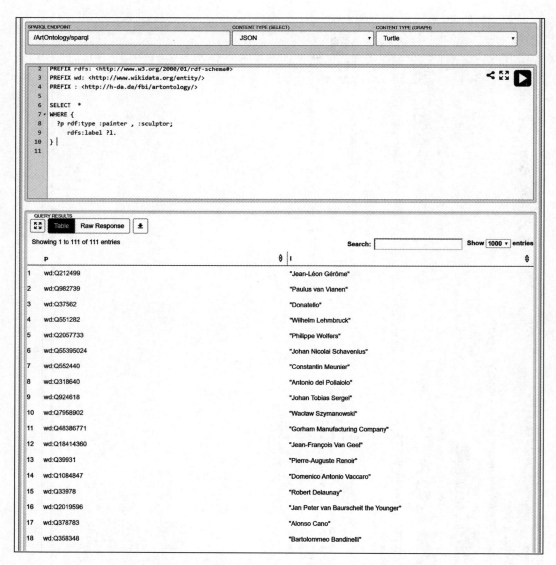

图 3-17　查询推断的事实：画家和雕塑家（使用 INSERT 语句）

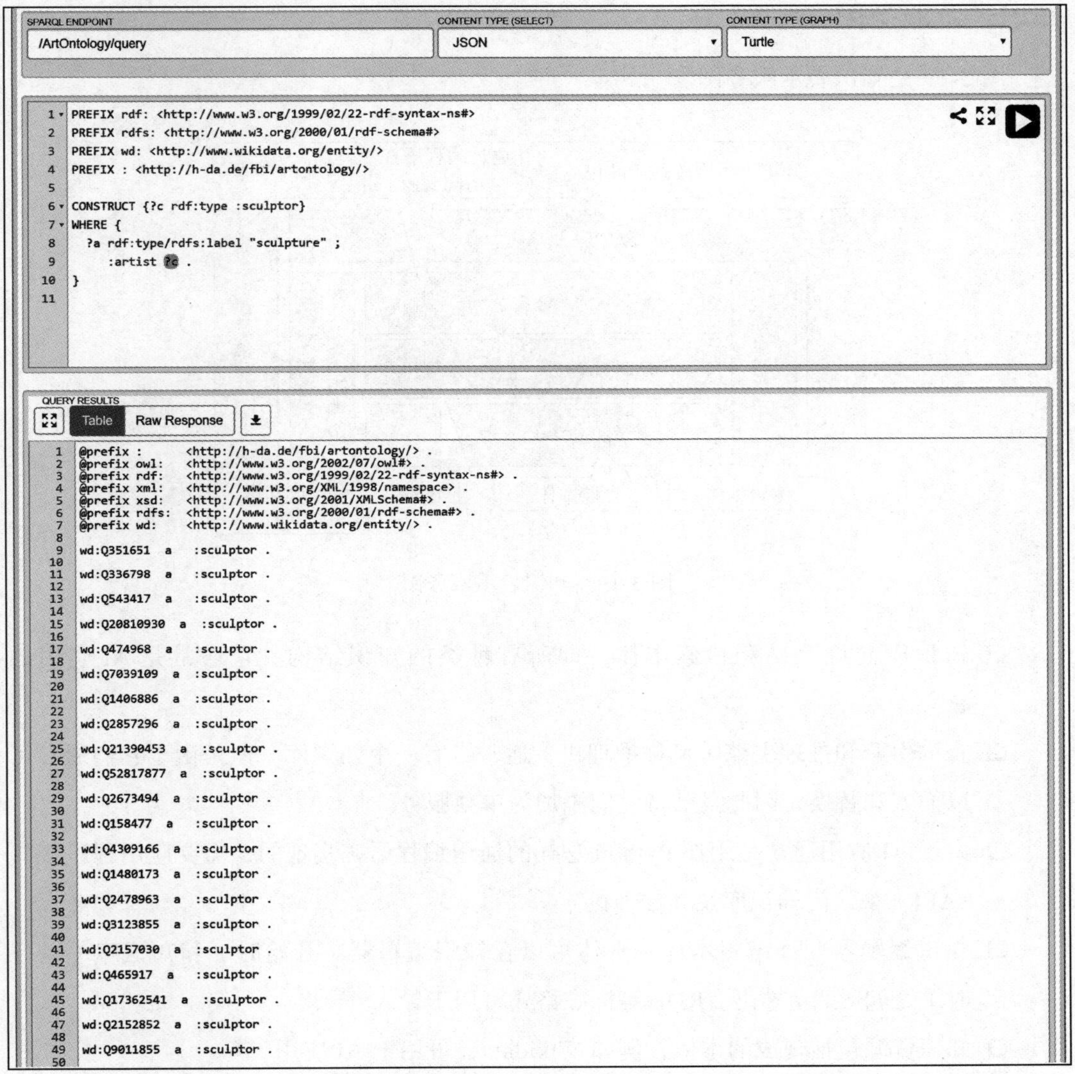

图 3-18　查询推断的事实：画家和雕塑家（使用 CONSTRUCT 查询）

请注意，与其他 SPARQL 查询一样，SPARQL 端点设置为查询。

3.6   知识表示服务图和知识表示产品图

知识表示服务图

图 3-19 是知识表示服务图。

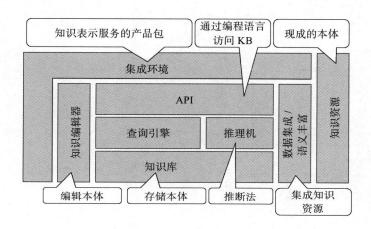

图 3-19   知识表示服务图

❑ 知识库允许存储和检索本体，即所有种类的知识结构。它通常是 AI 应用的核心。

❑ 查询引擎和推理引擎（又称推理机）通常带有一个知识库。但是由于它们通常可以插入和替换，因此我已将它们添加为单独服务。

❑ 由于 AI 应用通常是用像 Python 这样的通用编程语言实现的，需要应用程序接口（API）来访问知识库及其推理机。

❑ 知识编辑器允许编辑本体。本体可以在知识编辑器（开始时）和知识库（运行时）之间导入 / 导出。RDF 等标准格式可用于导入 / 导出。

❑ 知识资源包括现成的本体，例如 Wikidata，可用于 AI 应用。

❑ 数据集成 / 语义丰富允许集成各种知识的服务资源或其子集。例如，上述的艺术本体是 Wikidata 的自定义子集。

❑ 集成环境是将各种开发时和运行时知识表示服务捆绑在一起的工具套件。

知识表示产品图

图 3-20 是知识表示产品图。

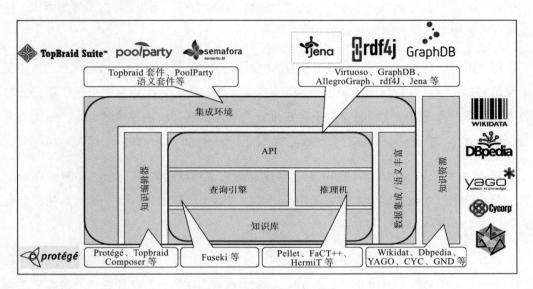

图 3-20　知识表示产品图

　　Virtuoso、GraphDB、rdf4J、Apache Jena 是捆绑包，其中包括知识库、推理 / 查询引擎和 Java API。Pellet、FaCT++ 和 HermiT 是可以插入到其他产品的推理引擎。Protégé 和 Topbraid Composer 是知识编辑器；Topbraid 套件、PoolParty 语义套件和 Semafora 是包括知识编辑器和运行时组件的集成环境。知识资源的示例包括 Wikidata、DBpedia、YAGO、CYC 和 GND。

　　更多产品和细节可以在附录中找到。

3.7　提示和技巧

本体 – 自制还是外购？

　　自制还是外购？在 IT 项目的技术选择阶段，这是一个常见的问题。它也适用于 AI 应用项目中的本体。

如"链接数据"一节所述，存在数千种本体，其中许多本体具有公共授权，每个拥有数千甚至数十万个事实。生命科学是一个拥有非常成熟的公共本体论的领域，参见 OBOFoundry[⊖]，其中包含关于症状、疾病、药物、临床程序、基因 / 蛋白质等的本体。甚至还有本体搜索引擎，例如 BARTOC[⊜]。

但令人惊讶的是，事实证明，当面对 AI 应用的具体要求时，很少出现现有的本体就已经足够的情况。在我所参与的各个领域（医学、制造业、旅游业、图书馆、创意艺术和软件工程）的任何一个项目，都不存在可以简单地获取并使用现成的本体，而无须进行修改的情况。其他从业者也有类似的经历（Ege 等人，2015），（Hoppe 等人，2018）。

我认为 Bowker 和 Star（1999）对这种困境给出了很好的解释。他们写道："在给定的人类环境中，看似自然、雄辩、同质的分类，在这个语境之外，似乎是被迫的、异质的"。不同的用例需要不同的结构。

而且，某些公共本体的质量中等。例如，在 Wikidata 中，类妻子与类动物之间存在 rdfs:subClassOf 关系（2019-04-03 已访问）。妻子被视为动物？！这种尴尬的误解怎么会发生？这是因为在 Wikidata 中建立了以下关系链：妻子是女人的子类，是女性的子类，是智人的子类，是杂食动物的子类，是动物的子类。每个单独的 subClassOf 关系都可以认为是合理的；作为关系链，它是令人尴尬的。

在实现从 Wikidata 中提取艺术本体的脚本时，我们在数据清理方面做了大量的工作，如删除无效的出生日期和死亡日期、没有出生地和死亡地、没有艺术运动的艺术家运动等。

对于本书中的艺术本体示例和类似 openArtBrowser[⊜]的 Web 应用来说，Wikidata 仍然是一个合适的来源。然而，在一个德国主导的艺术博物馆（Staedel 数字收集®）项目中，由于质量缺陷使用 Wikidata 等通用知识图谱是根本不可能的。

⊖ http://www.obofoundry.org/
⊜ http://bartoc.org
⊜ https://openartbrowser.org
⊞ https://sammlung.staedelmuseum.de

当然，通常建议优先使用现有的本体而不是定制的本体。

优点是：

❑ 减少创建和维护本体的成本。

❑ 由于许多社区的贡献和使用，质量可能更高（如前所述，并非总是如此）。

然而，为一个特定的用例开发一个定制的本体，例如在一个公司内部，并不像人们认为的代价比较大。实践经验表明，一个有经验的团队可以一周内建立约 1000 个概念（Hoppe，2015）。

预处理现有本体

在分析具体应用用例的现有本体时，应当考虑本体的范围、结构和质量。有时一种或几种本体可以认为是非常合适的，但并不完美。在这种情况下，预处理步骤建议使用"数据仓库"中的 ETL（提取、转换、加载）步骤。

本体预处理可能包括以下活动：

1. 转换数据格式，例如，从表格格式 CSV 转换为 RDF。

2. 转换本体模式，例如，从 wd：Q3305213 转换为：artwork。

3. 质量增强，例如，删除无效的出生日期。

4. 整合多个本体，例如，删除重复的本体。

在服务图中可以通过"数据集成 / 语义丰富"的服务类型来支持预处理。在我看来，这个重要的步骤在 AI 文献中没有得到足够的讨论。另请参阅第 4 章相关内容。关于选择现有本体的一点：不要太担心格式。XML、CSV、XLS、RDF 和数据库转储等之间的转换是开源的或易于开发的。

决定技术

有许多成熟的知识表示产品（商业的和开源的）。因此，在选择知识表示技术和产品时，不存在自制还是购买的决策，就像你不会为商业信息系统实施自己的数据库管理系统一样。在 2.6 节中，我推荐了一种选择合适产品的通用方法。在这里我给一些有关选择知识表示产品的提示和技巧。

仔细检查你的应用用例，看真正需要什么。在许多实际用例中，与传统的 AI 框架相比，所需的资源要少得多。在 AI 文献中，有很多关于 OWL-full 标准相对于 OWL-light 和其他标准的表达能力的讨论。在我的大多数项目中，根本不需要任何 OWL 推理功能。对于许多应用用例场景，层次结构上的推理就足够了（例如，住在佛罗伦萨，因为佛罗伦萨在意大利，所以也住在意大利）。

高性能要求在实际应用中很常见。然而，传统 AI 知识表示产品由于其复杂的推理设施，其性能较差。因此，像 RDBMS 和 NoSQL 数据存储的高性能解决方案，建议使用包含搜索索引解决方案。例如，层次结构上的推理等需求通常可以使用巧妙的索引策略轻松实现。这些解决方案还提供传统 AI 不能提供的其他服务，例如全文搜索知识表示产品。

所以，在实现 AI 应用的时候，我的建议是不要非得选传统 AI 和语义网络技术作为候选产品。

3.8 快速测验

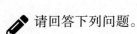 请回答下列问题。

1. 知识表示的目的是什么？

2. 举例说明类、个体、关系和规则。

3. 什么是本体？

4. 命名不同的知识表示方法。

5. 推理是什么意思？请举个例子。它是如何工作的？

6. 解释开放世界假设和封闭世界假设。它们有什么区别？两种假设的含义是什么？

7. RDF 中的资源是什么？如何使用命名空间？什么是 RDF 三元组？

8. 如何在 RDF 中声明类？如何将个体（实例）分配给类？

9. 如何在 RDF 中声明属性？如何使用属性？

10. RDF 存在哪些序列化语法？

11. 什么是链接数据？举例说明现有的本体。

12. 在 SPARQL 中如何构造简单查询？

13. SPARQL 查询的结果集如何构造？

14. SPARQL 提供哪些高级功能？

15. 如何使用 SPARQL 实施规则？

16. 命名知识表示服务（服务图）。

17. 列出一些实现那些服务的产品（产品图）。

18. 如何为具体的应用用例选择本体？

19. 如何整合各种现有的本体？

20. 如何为一个具体的 AI 应用项目选择知识表示产品？

第 4 章

AI 应用架构

AI 应用的特点是什么？是使用规则引擎还是代理框架等特定技术？或者可能是一种特殊的架构选择，就像黑板架构一样？

在我看来，与描述 AI 应用相关的不是实现特性，而主要是应用用例：AI 应用展现出的人类智慧。

虽然有规则引擎、推理机、代理框架和黑板架构的例子，但从架构的角度来看，许多 AI 应用实际上类似于经典的商业信息系统。其中应用了传统的软件工程原理和技术，包括分离关注点、信息隐藏、分层、面向组件等。性能、安全性、可维护性、成本效益等常见问题都是很重要的。同样，合理的开发方法也很重要，包括如早期的发布和原型，定期用户反馈和质量保证等都遵循敏捷开发方法。

换种说法，AI 应用是计算机应用，因此 AI 应用也使用经典的软件工程原理。

4.1 AI 参考架构

参考架构是具体应用架构的蓝图。在参考架构中，具体应用架构的好处能够表现出来。开发项目中的架构师可以把参考架构作为开发具体应用架构的起点。

图 4-1 是 AI 应用的相关架构。

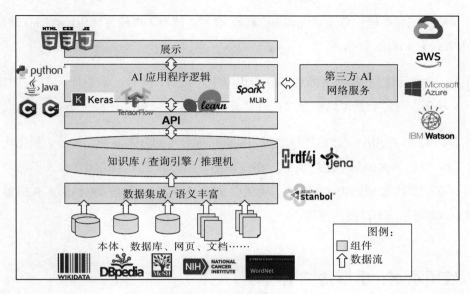

图 4-1　AI 应用的相关架构

参考架构是类似于商业信息系统的经典三层架构的分层架构。

表示层实现（图形化）用户界面，在 Web 应用或移动应用的情况下，可以使用先进的 UI 技术来实现，如 HTML/CSS 和 Java 脚本。UI 层通过 API 与应用逻辑层通信，例如使用 REST（表示状态传输）。

应用逻辑层实现 AI 应用的智能，例如以智能代理的形式。AI 应用逻辑通常在通用编程语言中实现。在过去的几年里，Python 作为主要的 AI 编程语言正在快速发展（就像 20 世纪 80 年代的 Lisp 和 Prolog 一样）。但是面向对象语言，如 Java、C# 和 C 也是常用的语言。通常，AI 任务如机器学习、语言处理、图像处理等，都使用强大的库和框架，如 Keras、TensorFlow、Scikit-learn 和 Spark。

可以使用第三方 AI Web 服务，而不是使用 AI 库。像 Google、Amazon、Microsoft 和 IBM 这样的主要供应商都会为机器学习、语言处理、图像处理等提供带有网络服务的 AI 套件。

AI 应用的底层数据存储在知识库中，应用逻辑层通过 API 访问知识库。正如第 3 章所述，可能会用到推理引擎（如 Apache Jena）技术。然而，也经常使用经典的存储技术，如 RDBMS 或 NoSQL 数据库。

最后，数据可以从各种来源加载到知识库中。比如，本体、数据库、AI 应用架构、网页、文档等。这些数据可以整合并在语义上进行丰富（见第 3 章）。

在具体的 AI 应用中，这些层中的每一层都可能以不同方式开发。另外，根据应用用例的不同，可能会去掉某一层。例如，在应用中，用户在创建知识项之前，不需要数据集成层。在知识库推理能力足够强的应用中，可以省略显式的应用逻辑层。在机器人等嵌入式 AI 应用中，不需要图形化用户界面。

4.2   应用示例：虚拟博物馆向导

让我们考虑一个具体的应用场景：虚拟博物馆向导。虚拟博物馆向导的任务是通过虚拟博物馆来引导游客，就像一个真实的人类博物馆向导。

不同虚拟博物馆向导的智能化程度可能会有很大的不同。在最简单的形式中，向导可以为用户提供画面和描述性文本。这些画面可能是以很简单的形式、以人类安排好的固定顺序呈现的。

以最复杂的形式为例，虚拟博物馆向导讲述画作的故事，回答用户的自然语言问题（可能通过语音输入和输出），并为具有不同知识背景的用户调整所选画面和故事。例如，会给孩子们讲述与成年人不同的故事。

虽然人们可能不会认为简单的虚拟博物馆向导是智能的，但复杂的向导肯定展示了人类智能的行为：理解、说话、讲故事、回答问题等。

图 4-2 是一个虚拟博物馆向导应用的潜在架构。

在这个架构中，虚拟博物馆向导的 GUI 是用 HTML5/CSS 和 Java 脚本实现的，包括最先进的库。虚拟博物馆向导的应用逻辑在 Java 中实现，包括 Eclipse RDF4J 等库。子组件是：

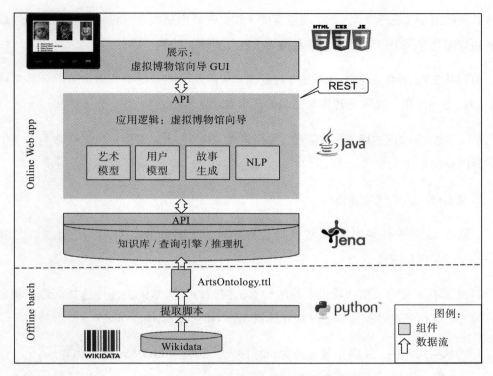

图 4-2　示例架构：虚拟博物馆向导应用

❑ 艺术模型：用于表示艺术作品及其内容。

❑ 用户模型：用于表示当前用户及其背景。

❑ 故事生成：用于生成适合当前用户的艺术作品故事。

❑ 自然语言处理（NLP）：用于生成语音输出和分析语音输入。

知识库是用 Eclipse RDF4J（API 及包括推理机和 SPARQL 查询引擎的知识库）实现的。艺术本体在系统启动时加载到 RDF4J 中。在离线步骤中，预先通过 Python 脚本从 Wikidata 中提取。

4.3　数据集成 / 语义增强

在我看来，数据集成在 AI 文献中没有得到足够的重视。人工智能应用中的知识往往来自各种数据源（见第 3 章）。在商业智能（BI）领域也是如此，将来自各种来源的数据集成到数据仓库（DWH）的过程通常称为 ETL（提取、转换、加载）。

可以将 ETL 看作商业信息系统（数据源）从商业智能系统中分离出来的一种架构模式。ETL 是一个用于提取、转换和加载的流水线。

ETL 架构模式也适用于 AI 应用的数据集成。由于 AI 应用中的数据通常是语义丰富的，所以我使用语义 ETL 一词。

语义 ETL 由以下步骤组成。

1. 从源系统中提取数据：可以是文件、网站、数据库、SPARQL 端点等，例如 DBpedia SPARQL 端点。

2. 过滤不相关的数据和质量不好的数据：例如，只从 Wikidata 中选择画作、雕塑和相应的艺术家；只选择英文描述并过滤掉错误数据类型的属性。

3. 技术格式转换：从源格式转换为目标格式，例如从 JSON 转换为 RDF。

4. 数据模式转换：从源格式的数据模式转换为目标数据模式，例如将 wd: Q3305213 重命名为：art work。

5. 语义丰富：启发式地整合来自各种数据源的语义信息，例如，米开朗基罗的出生和死亡日期来自 GND，他的影响来自 YAGO，他的画作来自 Wikidata。

6. 性能调优：根据应用用例优化数据存储，例如规范数据和用索引实现高性能访问。

7. 加载：将数据存储在目标知识库中，例如 RDF4J。

4.4 应用逻辑 / 代理

在许多 AI 出版物中，代理被描述为 AI 应用的中心组件，它能够展现出智能行为。

图 4-3 阐述了代理的概念。

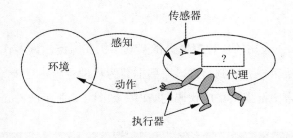

图 4-3　代理的概念（Russell 和 Norvig，1995，图 2-1）

代理与环境交互，并通过传感器感知环境。然后，代理逻辑对其感知及其内部专家知识进行解释，并计划各自的行动。

通过执行器执行这些动作。执行的动作反过来可能对代理再次感知到的环境产生影响。

图 4-4 从简单到复杂展示了代理的示例。

代理	环境	感知和动作
恒温器	房间和加热	测量温度并相应地调整加热
软件机器人	互联网	爬取网页，提取信息（例如，比较价格），提出建议，甚至自主购买
机器人	家庭	做一些简单的家务，比如用吸尘器清洁
人类	世界	做各种各样的事情，有些对环境更好，有些对环境更坏

图 4-4　代理示例

把虚拟博物馆向导叫作代理是合适的吗？对于简单形式的向导（预定义的向导），人们可能会直观地说"不"。对于复杂形式的向导（讲故事），答案肯定是"是"。

然而，我认为这个问题不太相关。更相关的问题是代理隐喻是否有利于设计虚拟博物馆向导应用。这个问题的答案很可能是"是"。将虚拟博物馆向导视为代理可能会导致产生一种架构，其中感知与动作分离，并且代理建立模型用于在过去所有的感知上规划下一步行动。将这些问题分开可能是一个很好的架构决策。

代理框架

代理框架为开发 AI 应用的代理逻辑提供基础架构和服务。许多代理框架都实现了插件架构，可以集成框架组件和定制组件。有些框架为代理逻辑指定领域特定语言（DSL）。通常，在不同编程语言中都提供集成代码的 API，如图 4-5 所示的 Cougaar⊖架构。

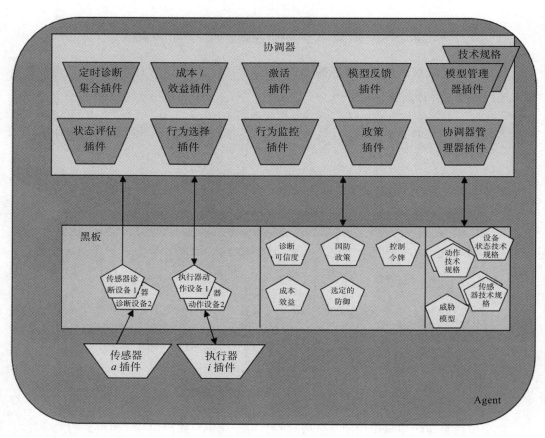

图 4-5　Cougaar 架构（More 等，2004）

在 Cougaar 中，像成本 / 效益插件这样的协调器组件提供代理逻辑。黑板组件是一个共享的存储库，用于存储当前问题的信息、解决问题的建议以及（部分）解决方案。可以插入传感器和执行器组件。传感器定期更新黑板上的信息。

⊖　http://www.cougaar.world

其他代理框架包括 JaCaMo[⊖]、JADE[⊜]、JIAC[⊜]、AgentFactory®和 Jadex BDI Agent System®，详见附录。

何时使用代理框架

在我看来，代理隐喻在设计 AI 应用时是有用的。传感器与执行器的分离以及应用领域和环境网络模型与代理逻辑的分离，是良好的架构实践。但是，并不总是建议使用代理框架。这是因为每个框架都涉及学习曲线，并且会给项目添加新的技术依赖。

如果代理逻辑足够复杂，并且框架提供的服务适合应用用例，那么引入代理框架的成本很可能是合理的。然而，如果不是这样，传统的基于组件的软件架构是足够的。遵循代理隐喻的架构建议仍然可以在某种程度实现。

4.5　呈现方式

人工智能应用的（图形）用户界面不是特定于人工智能的。与所有 IT 应用一样，它对于用户的应用体验至关重要。请参阅关于以用户为中心的应用开发的综合文献。

4.6　编程语言

在过去的几年里，Python 逐渐成为主要的 AI 编程语言。这样的发展得益于重要开发者在 Python 中发布了 AI 库和 AI 框架。例如，谷歌的 TensorFlow。此外，在传统的面向对象编程语言（如 Java、C# 和 C）中，仍然有许多 AI 库可用。Lisp 和 Prolog 等传统 AI 编程语言只在今天的 AI 应用开发中发挥了微乎其微的作用。但它们对现代动态编程语言（如 Python、R、Julia 等）的设计有很大的影响。

⊖　http://jacamo.sourceforge.net

⊜　http://jade.tilab.com

⊜　http://www.jiac.de/agent-frameworks

㉒　https://sourceforge.net/projects/agentfactory

㈤　http://sourceforge.net/projects/jadex/

为了在 AI 应用开发项目中做出合理的编程语言决策，应该考虑以下各个方面：

❑ 哪种技术栈可提供最好的资源（运行平台、库、开发人员工具等）？

❑ 是否有足够的开发人员熟悉这项技术？

❑ 最佳支持在什么地方（用户组等）？

结论：所有用于开发大规模的、复杂的 IT 系统的软件工程原理都适用于开发 AI 应用。

4.7　快速测验

 请回答下列问题。

1. 人工智能应用的特点是什么？

2. 人工智能参考架构的主要组件有哪些？

3. 如果没有使用推理引擎、机器学习框架、代理框架等技术，你能谈论 AI 应用吗？

4. 什么是代理？举个例子。

5. 代理框架提供哪些服务？

6. 在哪些情况下建议使用代理框架？在哪些情况不建议使用？

7. 开发 AI 应用应该使用哪种编程语言？

第 5 章

信 息 检 索

信息检索（Information retrieval，IR）能够检索出符合信息需求的相关文档。图 5-1 是 AI 领域中的信息检索。

信息检索可与具有"沟通"能力的自然语言处理结合在一起使用。

信息检索可以通过输入 / 输出描述如下。

❑ 输入：信息需求，例如，通过搜索文本指定。
❑ 输出：满足信息需求的可能非常大的一组相关文档的集合，例如文本文档、图像、音频文件、视频等。

信息检索的基础是这些文档的索引元数据。信息检索系统最突出的例子是网络搜索引擎，如 Google[一]、Yahoo![二]和 Yandex[三]。信息检索可以被认为是人工智能的一种简单形式。有时它被认为是自然语言处理的一个分支。事实上，"信息检索"这个词被夸大了，因为检索的是数据（文档），而不是信息。因此，更合适的术语是"文档检索"。

然而，信息检索具有巨大的终端用户价值。网络搜索引擎是万维网的主要推动者。此外，在许多应用中，集成信息检索组件可以明显提高用户体验。其中一个例子是全文

[一] https://www.google.com
[二] https://www.yahoo.com/
[三] https://www.yandex.com/

本搜索和语义自动建议功能。此外，还有成熟的开源信息检索库，可以方便地包含在应用中。

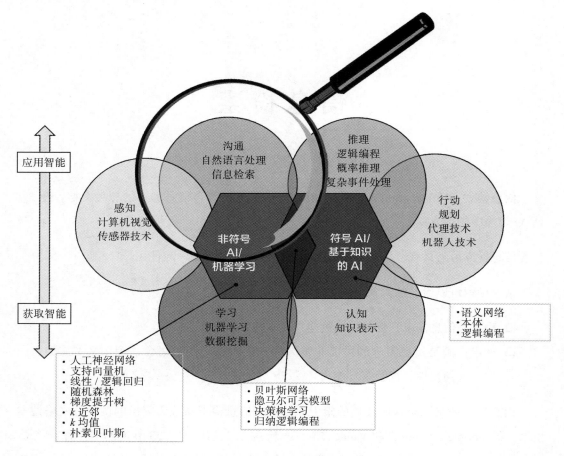

图 5-1 AI 领域中的信息检索

考虑到这些原因，我决定设置一个章节专门介绍信息检索。每一个 AI 应用开发人员都应该熟悉信息检索。

5.1 信息检索服务图

图 5-2 是信息检索服务图。

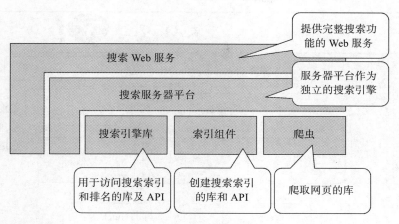

图 5-2　信息检索服务图

在应用中使用信息检索的基本方法是使用一个索引组件和一个搜索引擎库。索引组件用来给文档集合建立索引和存储这些索引。索引组件是用 Java 等编程语言实现的，可通过 API 进行访问。索引是一个离线过程，通常以批处理的形式实现。可以在线使用搜索引擎库来访问索引，也可以通过搜索查询 API 访问索引。

如果要索引的文档最初不可用但必须先检索，则可以使用爬虫技术。爬虫是一个用于访问网页以提取数据的库。然后可以对这些数据进行索引和搜索。网络搜索引擎就是这样工作的。

如果应用是用不同的编程语言实现的，可能会用到搜索服务器。搜索服务器在操作系统上启动服务器进程，应用可以通过独立于编程语言的接口来访问该进程，例如 HTTP/REST。与搜索引擎库一样，必须为搜索服务器平台完成文档索引，然后才能用于查询。

最后，现有的搜索引擎可以作为搜索网络服务中的应用。所有著名的搜索引擎，如 Google、Yahoo! 和 Yandex，都提供网络服务。

5.2　信息检索产品图

图 5-3 是信息检索产品图。

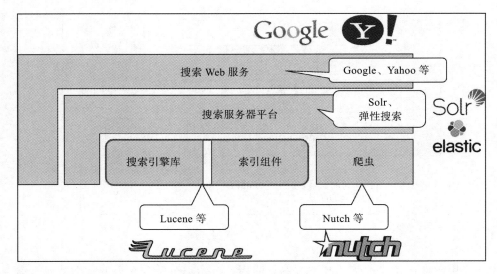

图 5-3   信息检索产品图

Apache Lucene[⊖]是最先进的开源搜索引擎库和索引组件。Lucene 是用 Java 实现的，并用于许多应用，也可用于其他语言，如 Python 中的 PyLucene。Apache Nutch[⊖]是一个网络爬虫。Apache Solr[⊜]和 Elasticsearch[⊜]是两个著名的搜索服务器平台，它们都构建在 Lucene 之上。两者都提供相似的功能，都很成熟，并已在众多大规模应用中使用。

所有著名的搜索引擎，如 Google、Yahoo! 和 Yandex 都通过网络服务进行访问，如 https://developer.yahoo.com/search-sdk/。

更多产品和详细信息可以在附录中找到。

5.3   提示和技巧

信息检索后的结果选项太多，什么样的信息检索结果才能适合某种特定的情况呢？

⊖ https://lucene.apache.org/

⊜ http://nutch.apache.org/

⊜ https://lucene.apache.org/solr/

㊃ https://www.elastic.co/products/elasticsearch

如果应用要提供通用的搜索服务，那么整合像 Google 这样的搜索服务是很自然的选择。在这种情况下，应研究并仔细对比搜索服务 API 的法律条件。这可能会产生费用。应评估运行时性能是否能满足特定用例。

如果要检索的文档在 Web 上无法获取，而是特定于应用的情况，必须使用搜索服务器平台或库。搜索服务器平台和库有着极高的性能，也具有非常大的数据集。例如，在我的一个项目中，使用 Apache Lucene 用不到 30ms 的时间就能够搜索 1000 万个文档（书籍的元数据）。什么时候适合搜索服务器平台？开发人员何时应该改用库？ Apache Lucene 是一个库，很容易在 Java 应用中使用。API 有很好的文档记录，可以在几个小时内实现一个能用的原型。Java 应用会使用库解决方案。

如果使用其他编程语言来实现应用，必须使用搜索服务器平台。例如，SolrNet[⊖]可方便地访问 Solr 服务器。此外，使用搜索服务器平台是有原因的，即使应用是用 Java 实现的。这是因为搜索服务器平台提供额外的服务，例如给系统管理员提供额外的服务（监控、集群等）。因此，在决定搜索服务器平台和库之前要考虑管理和操作的问题。

5.4   应用示例：语义自动建议功能

语义自动建议功能是一个很好的例子，用来说明信息检索如何在相对较少的工作量下显著改善用户体验。自动建议的概念（又名自动完成）在谷歌等网络搜索引擎中是众所周知的。当用户输入一个搜索字符串时，可以从下拉菜单中选择推荐的选项。语义自动建议功能利用了语义信息（例如选项类别）。

有关 openArtBrowser[⊜]（Humm,2020）中的示例，请参见图 5-4。

OpenArtBrowser 是一个网络应用，用于视觉艺术教育以及吸引画作、素描和雕塑用户。它的搜索具有语义自动建议功能。在图 5-4 中，用户正在输入字母 "vi..."。各种包含字母 "vi"（不区分大小写）的艺术作品、艺术家、材料、类型和主题被显示出来，并

⊖ https://github.com/mausch/SolrNet
⊜ https://openartbrowser.org

且根据其语义类别进行分组。匹配的字母"vi"突出显示。复杂的启发式排序从非常多的可能匹配中选择有限数量（此处为 10）的建议。例如，艺术家文森特·梵高、圣母玛利亚和罗马住宅的艺术作品图。通过选择建议的选项，用户还可以选择语义类别（艺术家、艺术作品、主题、类型等），然后使用搜索词和语义类别相应地细化搜索。

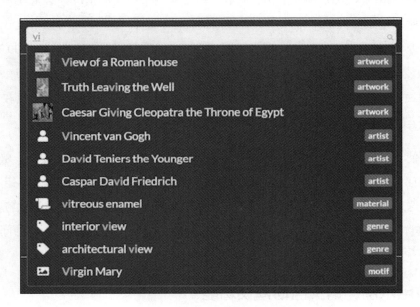

图 5-4   应用示例：语义自动建议

OpenArtBrowser 及其语义自动建议功能基于第 3 章所介绍的内容。语义自动建议功能是使用 Elasticsearch 实现的。ngram 索引是从 ArtOntology 创建的。HTML 客户端中使用了一些 JavaScript 库（如 JQuery UI[⊖]）的自动完成小部件。从 Web 客户端调用 Elasticsearch 服务器查询选项。整个语义自动建议功能的实现需要不到 100 行代码。

5.5   快速测验

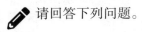 请回答下列问题。

⊖   https://jqueryui.com/autocomplete/

1. 什么是信息检索？

2. 信息检索工具的主要服务是什么？

3. 请列举先进的信息检索工具和技术。

4. 每种信息检索工具和技术适用于哪种情况？

5. 请解释语义自动建议。它是如何实现的？

第 6 章

自然语言处理

自然语言处理（Natural Language Processing，NLP）是处理英语、德语等自然语言的人工智能领域。图 6-1 是人工智能领域中的自然语言处理。

NLP 有着"沟通"的能力。这是一个涉及多方面的广泛领域。例如：

❑ 对书面文本进行拼写检查和语法检查，例如文字处理程序。

❑ 文本分类，例如根据主题。

❑ 认知书面文本的情感（正面、中立、负面），例如 Twitter 推文。

❑ 理解语音，例如导航系统的语音控制。

❑ 翻译文本，例如英语和德语互译。

❑ 回答自然语言问题，例如在医学等特定领域。

❑ 总结书面文本，例如新闻。

❑ 生成文本，例如讲述故事。

❑ 在导航系统中生成语音，例如路线信息。

由于 NLP 的多样性，划分了不同的子域。没有公认的分类，但通常会提到以下 NLP 分区：

❑ 信息检索（IR）支持检索特定信息需求的文档。如上一章所述，术语"文档检索"会更合适。信息检索通常被认为是 NLP 的子域。

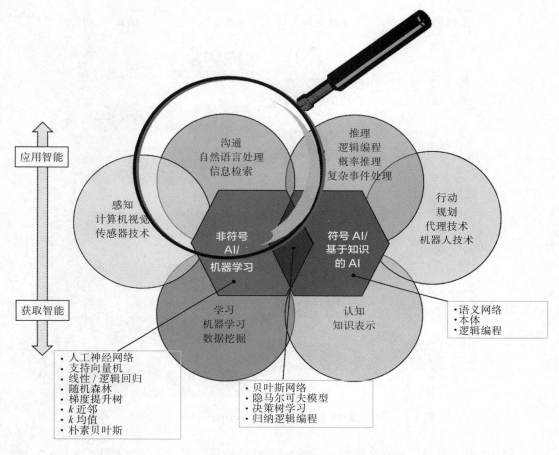

图 6-1　人工智能领域中的自然语言处理

❑ 信息提取（IE）处理书面和口头文本的理解。这个包括文本分析和转化为可以被查询的知识表示。情感分析是信息提取的一种简单形式。

❑ 问答（QA）以书面或口头形式生成自然语言问题的自然语言答案。

❑ 机器翻译允许在不同的自然语言之间翻译文本。

❑ 文本生成支持生成书面或口头文本。文本摘要和故事讲述是文本生成的两种形式。

6.1　重点

图 6-2 是语言理解的 7 个层次（Harriehausen，2015）。

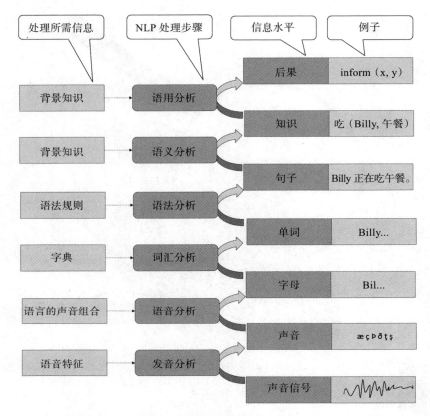

图 6-2   语言理解的 7 个层次，摘自（Harriehausen，2015）

图 6-2 是信息层次和提高理解水平的 NLP 处理步骤。在最低层次上有声音信号。语音分析使用语音特征来提取声音。语音分析使用特定语言的声音组合来提取字母。词汇分析可以使用词典来提取单个单词。语法分析（解析）使用语法规则来提取句子及其结构（解析树）。语义分析使用背景知识来表示文本中的知识。最后，语用分析可能得出结论和行动后果。

在大多数 AI 应用中，只有一些 NLP 处理步骤是相关的。处理书面文本时，不需要进行语音和语音分析。此外，语义分析和语用分析可能很简单，甚至不相关，这取决于应用用例。在本章中，我将重点介绍大多数 NLP 程序中使用的词汇、语法和语义分析。首先我解释一个简单的方法，即词袋模型。然后解释词汇和语法分析的各个处理步骤（从字母到句子），再引出深层语义分析。

6.2　简单方法：词袋模型

词袋（BoW）模型是一种简单的 NLP 方法，在某些应用场景（如文本分类和情感分析）中可产生令人惊讶的良好结果。在 BoW 中，一个文本被表示为单词的包（多集），忽略语法甚至词序，只保留单词的多样性。考虑下面的实例文本。

1 John likes to watch movies. Mary likes movies too.

用 JSON 表示的词袋是：

1 BoW = {"John":1,"likes":2,"to":1,"watch":1,"movies":2,"Mary":1,"too":1};

John 这个词在文本中出现一次，likes 出现两次等。

词袋进行机器学习

以最简单的形式，在第 2 章描述的有监督机器学习方法中使用由词袋产生的向量。考虑文本为 t1，…，tn 以及类别为 A，B，C 类的机器学习分类任务。然后，机器学习训练的数据集由所有文本中的每个不同单词作为特征（属性作为分类输入）和类作为标签（分类输出）组成。图 6-3 以上面提到的 t1 为例。

ID	John	likes	to	watch	movies	Mary	too	…	label
t1	1	2	1	1	2	1	1	…	A
t2	0	0	2	0	0	0	1	…	C
…	…	…	…	…	…	…	…	…	…
tn	0	1	2	2	3	0	0	…	A

图 6-3　来自词袋的机器学习分类数据

现在，可以使用任何适合分类的机器学习方法，例如人工神经网络、决策树、支持向量机、k 最近邻等。

tf-idf

一般来说，经常出现在文本中的项比很少出现的项更为重要。但是，这种经验法则也有例外。考虑所谓的停顿词，例如"the""a""to"等，它们在英语文本中最常见，但对文本的语义影响不大。在信息检索中，通常会忽略停顿词。在主要处理单词计数的 BoW 模型中，该如何处理？一种方法是在计算单词袋之前删除停顿词。这种方法很大程度上依赖于选择正确的停顿词。

还有另一种优雅的通用方法，可以避免使用固定的停顿词列表：词频 – 逆文档频率（tf-idf）。词频是具体文本中某个单词的计数，如上例所示。文件频率会考虑整个语料库（即大量文本）中特定单词的计数。

tf-idf 将术语"频率"与文档频率相关联。因此，像"to"这样的词经常出现在所有文本中，但不经常出现在所考虑的文本中，不会有特别高的 tf-idf，因此将被认为是不重要的。相反，像"movies"在上面的短文本中出现过两次，但在一般文字中并不常见将具有较高的 tf-idf，因此，对于文本而言，将被视为重要的。这与直觉相符合。

实际应用中 tf-idf 的计算公式有很多种，这些公式更有意义而不是简单的单词计数。参见 Wikipedia 上 tf-idf[⊖]上的条目。NLP 库方便地提供 tf-idf 的实现。

在训练样本中通过使用 tf-idf 值而不是简单的单词计数，可以提高机器学习分类性能。

n-gram（n 元）模型

如上所述，简单的 BoW 模型将每个单独的词独立处理。单词顺序将被完全忽略。n 元模型是一个简单的改进，最多要考虑 n 个连续词的组合。n 通常相对较小，例如 2 或 3。

图 6-4 将图 6-3 中的示例扩展为二元模型。

通过简单地计算 n-gram 模型的 tf-idf 值，可以将 n-gram 模型与 tf-idf 组合。BoW 模型简单且易于实施。尽管简单，它为许多应用用例提供了良好的预测性能，特别是当与 tf-idf 或 n-gram 等扩展相结合时，尤其是在使用大型训练集时表现优异。

⊖ https://en.wikipedia.org/wiki/Tf%E2%80%93idf

ID	1-gram				2-gram				label
	John	likes	to	...	John likes	likes to	to watch	...	
t1	1	2	1	...	1	1	1	...	A
t2	0	0	2	...	0	0	1	...	C
...	...	...	...	...	...	...	...	...	...
tn	0	1	2	...	0	1	2	...	A

图 6-4　使用二元模型进行机器学习分类

显然，在 BoW 模型中，特征（属性）的数量会变得非常大，使用 n-gram 时更是如此。数十万种特征都是可能的，特别是大量训练集可能会导致机器学习训练和预测阶段出现重大性能问题。无监督机器学习的特征选择机制可用于减少特征数量从而减轻这些性能问题。

6.3　深层语义分析：从字母到句子

词袋模型是一种基于单词计数的简单方法。这与人类理解文本的方式大不相同。尽管简单，但它在简单的 NLP 任务（如文本分类）上仍有着令人惊讶的良好结果。但很明显，对于复杂的 NLP（如问答）任务来说，不仅需要对单词进行计数，还需要对文本进行更深入的语义分析。

在本节中，我将介绍一些方法：从字母到句子。

分词

分词是将字母组合为单词的步骤。这一步似乎很原始：寻找空白字符似乎就足够了。但是，分词稍微复杂一些。考虑一下以下例句：

1 My dog also likes eating sausage.

按照原始的分词方法，最后标识的单词将是 sausage。实际上，最后一个词是 sausage，句号"."是一个单独的符号。所以，正确的分词结果如图 6-5 所示。

图 6-5　分词示例

分句

分句可识别整个句子。句子以句点（句号）终止。但是，仅仅寻找下一个句号是不够的。考虑下面的例句。

1 Interest rates raised by 0.2 percent.

显然，0.2 中的点是浮点数的一部分，并不终止句子。其他要考虑的情况是缩写，例如省略号等。

词干提取，词性标注

词干提取意味着将单词还原为其根词。例如，eat 是 eating 的根词。词性（PoS）是单词的语法范畴。例如，eating 是动词 eat 的动名词或现在分词。词性标注是识别单词词性的步骤。图 6-6 是句子 "My dog also likes eating sausage." 的词性标注结果。

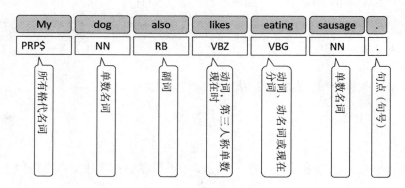

图 6-6　词性标注示例

在图 6-6 中，使用了 Penn Treebank 标注集[⊖]。例如动词、动名词或现在分词标记为VBG。Penn Treebank 标注集是许多词性标注工具使用的事实标准。

⊖　http://www.clips.ua.ac.be/pages/mbsp-tags

注意：在应用 BoW 模型之前，分词和词干提取通常是预处理步骤。它们可以提高预测性能，同时减少特征数量。

解析

解析是分析句子语法的步骤。结果是句子结构，通常表示为树。图 6-7 是句子"My dog also likes eating sausage."的解析结果。

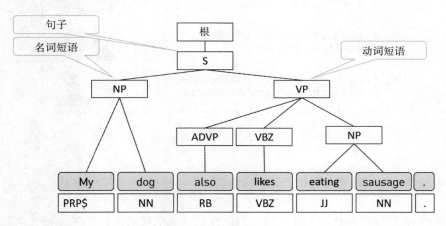

图 6-7 解析

同样，使用 Penn Treebank 标注集。例如，NP 代表名词短语，VP 代表动词短语。大多数自然语言句子的解析都非常含糊。作为人类，我们很少注意到句子的歧义性。我们的大脑将语法分析和语义分析相结合，然后选择"显而易见"的含义，即最可能的变体。但是，我们偶尔也会发现歧义。许多笑话都是歧义带来的误解。例如⊖：

"我想成为百万富翁，就像我父亲一样！""哇，你爸爸是百万富翁？""不，但他总是想成为百万富翁。"如果从技术上分析自然语言句子，你可能会惊讶，同一句子有多少种不同的有效的解释。考虑以下例句：

```
1 I saw the man on the hill with a telescope.
```

⊖ http://www.ijokes.eu/index.php/joke/category/misunderstanding?page=2

图 6-8 是 AllThingsLinguistic[○]上对该例句的五种不同的有效解释。

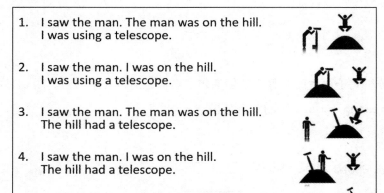

1. I saw the man. The man was on the hill.
    I was using a telescope.

2. I saw the man. I was on the hill.
    I was using a telescope.

3. I saw the man. The man was on the hill.
    The hill had a telescope.

4. I saw the man. I was on the hill.
    The hill had a telescope.

5. I saw the man. The man was on the hill.
    I saw that he was using a telescope.

图 6-8　解析歧义

✎ 作为练习，你可以为每个句子的解释构造一个解析树。

　　早期的 NLP 解析器是基于规则的。它们将语法规则机械地应用于句子。它们在使用多个可选解析树以及语法上都遇到了巨大的困难。多数现代 NLP 解析器都是基于统计的。它们根据统计产生最可能的解析结果，还可以处理语法错误的句子，就像我们人类一样。

6.4　服务图和产品图

NLP 服务图

　　图 6-9 是 NLP 服务图。

　　使用 NLP 工具开发 AI 应用时，很少会从头开始构建基本的 NLP 构造块。BoW 模型、tf-idf、n 元模型、分词、分句、词性标注、解析等需要的类库和块已经存在，可以集成到应用中。另外，可能使用诸如字典之类的语言资源。

　　○　http://allthingslinguistic.com/post/52411342274/how-many-meanings-can-you-get-for-the-sentence-i

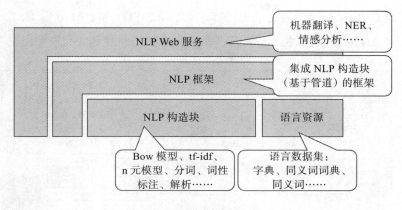

图 6-9　NLP 服务图

在构建复杂的自定义 NLP 应用时，建议使用 NLP 框架。它们通常遵循管道方法，允许插入现有的 NLP 构造块。自然语言处理框架功能强大且高度可定制。但是，它们需要一定水平的专业知识，包括上面描述的 NLP 概念以及框架细节。

对于许多 NLP 任务，可以将整个解决方案作为 Web 服务集成到 AI 应用中。例如翻译服务，语音到文本转换服务，命名实体识别，情感分析等。当然也包含最简单、最省力的解决方案 NLP Web。但是，你应该检查许可证、性能、隐私和可用性问题。

NLP 产品图

图 6-10 是 NLP 产品图。

Apache UIMA⊖和 GATE⊖是使用最广泛的 NLP 框架。虽然 GATE 允许使用图形桌面应用对 NLP 进行试验，但 UIMA 更适合于软件开发人员为 Eclipse 等 IDE 提供插件。有许多 NLP 构造块，例如来自斯坦福大学 NLP 小组⊜的 NLP 构造块。它们中的很多都可以

⊖　https://uima.apache.org/

⊖　https://gate.ac.uk/

⊜　http://nlp.stanford.edu/software/

插到 UMIA 和 GATE。但是，有时需要封装，例如 uimaFIT$^\ominus$和 DKPro$^\ominus$。像 TensorFlow$^\oplus$、scikit-learn$^\circledR$和 MLlib$^\circledR$之类的机器学习库为 BoW 模型、tf-idf 和 n 元模型提供功能。

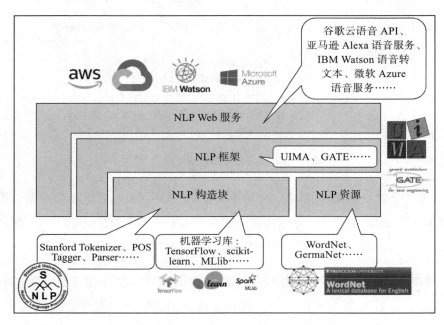

图 6-10　NLP 产品图

英语中最突出的 NLP 语言资源是 WordNet$^\circledR$。

各种提供商的 NLPWeb 服务也很多，例如 AmazonAlexaVoice$^\oplus$服务、Google CloudSpeechAPI$^\circledR$、GoogleTranslateAPI$^\circledR$、IBMWatsonNLP$^\oplus$和 MSAzure 语音服务$^\oplus$。

⊖　https://uima.apache.org/uimafit.html

⊜　https://www.ukp.tu-darmstadt.de/research/current-projects/dkpro/

⊜　https://www.tensorflow.org/

⊗　http://scikit-learn.org/

⊕　http://spark.apache.org/mllib/

⊗　https://wordnet.princeton.edu/

⊕　https://developer.amazon.com/de/alexa-voice-service

⊗　https://cloud.google.com/speech

⊗　https://cloud.google.com/translate

⊕　https://cloud.ibm.com/catalog/services/natural-language-understanding

⊕　https://azure.microsoft.com/de-de/services/cognitive-services/speech

6.5 示例

在下一节中，我将简要介绍每个 NLP 服务类别的一个突出例子，即 WordNet（NLP 资源）、Stanford Parser（NLP 构造块）、UIMA（NLP 框架）和 Dandelion API（NLP Web 服务）。更多 NLP 产品和详细信息可以在附录中找到。

NLP 资源：WordNet

WordNet⊖是最先进的英语词汇数据库。它列出了超过 15 万个英语单词，包括名词、动词、形容词和副词。对于每个单词，都有不同的含义（"意义"）。例如，列出了"dog"一词的 7 种不同的名词意义和一种动词意义，包括动物以及肉沫（如"热狗"）。

图 6-11 是 WordNet 在线搜索的屏幕截图⊖。

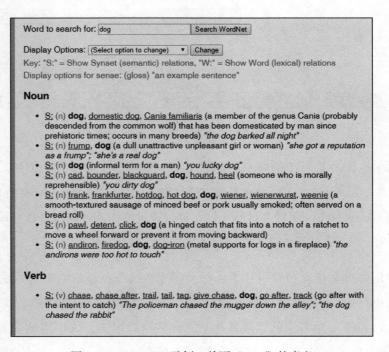

图 6-11 WordNet 示例：单词"dog"的意义

⊖ https://wordnet.princeton.edu

⊖ http://wordnetweb.princeton.edu/perl/webwn?s=dog

对于每个词义，都指定了一个描述和不同的关系。

☐ 同义词，例如"Canis familiaris"和"Domestic"dog 代表单词"狗"的"动物"含义。

☐ 上义词（广义词），例如"mammal"（哺乳动物）和"animal"（动物）。

☐ 下义词（狭义词），例如"Puppy"（小狗）、"Hunting dog"（猎狗）、"Poodle"（贵宾犬）等。

单词"dog"的关联见图 6-12。

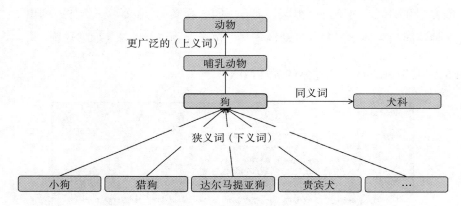

图 6-12 WordNet 示例：单词"dog"的关联

WordNet 是 BSD 许可下的开源。它可以以各种形式在 AI 应用中使用。可以下载一组"隔离文件"（standoff file），并将其用在任何编程语言的应用中。WordNet 数据库下载为 Windows、Unix 和 Linux 的二进制文件，可以通过操作系统调用将其集成到任何编程语言的应用中。最后，WordNet 的在线版本可以通过 HTTP 集成。

建议使用哪种集成类型？与往常一样，集成在线服务是最省事的方法。如果可以保证永久的 Internet 连接并且性能足够，那么推荐这种方法。使用原始文件可提供最大的灵活性，但需要相当多的实现工作。在大多数情况下，使用本地安装的 WordNet 数据库是可选择的解决方案：性能良好，不依赖于远程系统，并且实现开销相对较小。

NLP 构造块：Stanford Parser

Stanford Parser[⊖]是一个最先进的统计 NLP 解析器。它支持不同的自然语言，即英语、法语、西班牙语、德语和中文。它是在 GNU 通用公共许可证下用 Java 实现的开源软件。

在线解析器[⊜]的屏幕截图见图 6-13。

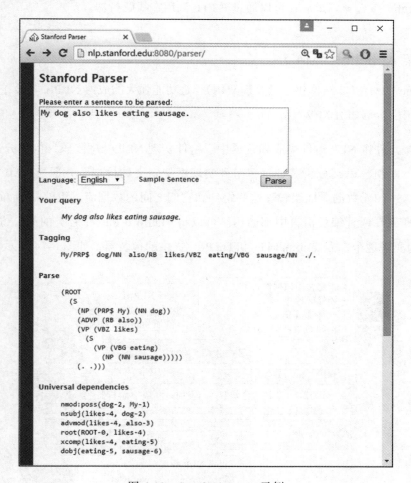

图 6-13　Stanford Parser 示例

解析例句"My dog also likes eating sausage."，词性标注和解析显示结果。解析结果

⊖　http://nlp.stanford.edu/software/lex-parser.shtml

⊜　http://nlp.stanford.edu:8080/parser

有两种表示形式：语法树表示和类型依赖表示。类型依赖表示通常更容易被没有语言专业知识的人理解，他们想从文本中提取文本关系。

Stanford Parser 以 JAR 文件集成到 Java 应用中。把它整合到用其他编程语言实现的应用，可以在系统级别调用。另外，为许多编程语言提供扩展名或端口，包括 PHP、Python、Ruby 和 C #。最后，可以通过 HTTP 调用在线解析器。

NLP 框架 Apache UIMA

Apache UIMA（非结构化信息管理架构）[⊖]是功能强大的成熟 NLP 框架。它被用在许多公司应用中，例如 IBM Watson。

UIMA 允许将 NLP 组件集成到管道中。组件实现 NLP 处理步骤，例如分词、分句、词性标注、解析、语义分析等。每个组件实现框架定义的接口，并通过 XML 描述符文件提供自描述的元数据。框架管理这些组件和它们之间的数据流。组件是用 Java 或 C++编写的。框架在两种编程语言中都通用。可以将 Stanford Parser 之类的第三方组件插入UIMA。为实现这个，需要 uimaFIT[⊜]和 DKPro[⊜]提供的包装器，如图 6-14 所示。

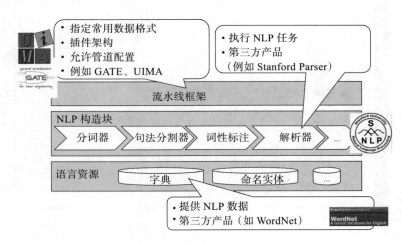

图 6-14　NLP 框架

⊖ https://uima.apache.org/

⊜ https://uima.apache.org/uimafit.html

⊜ https://www.ukp.tu-darmstadt.de/research/current-projects/dkpro/

UIMA 是 Apache 许可下的开源软件。接口被批准为 OASIS[⊖]标准。

NLP Web 服务：用 Dandelion API 实现命名实体识别

对于完全不同的 NLP 任务，有着很多 NLP 服务。例如，我选择命名实体识别（NER）。NER 是信息提取、定位和分类的子任务，将文中的元素分为人名、机构名、地名等。

Dandelion API[⊜]是用于语义文本分析（包括 NER）的 Web 服务，示例见图 6-15。

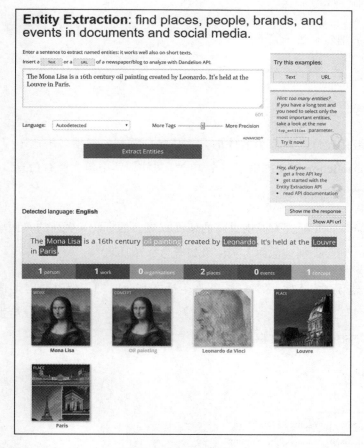

图 6-15　NER 示例

⊖　https://www.oasis-open.org/committees/uima

⊜　https://dandelion.eu

这个例子分析了下面的文本：

```
1 The Mona Lisa is a 16th century oil painting created by Leonardo. It's held
at the L\
2 ouvre in Paris.
```

Dandelion 检测到英语和以下命名实体：

1. 使用相应的 DBpedia 链接作品 Mona Lisa。 [○]

2. 概念油画。 [○]

3. 人名列奥纳多·达·芬奇。 [○]

4. 地名卢浮宫。 [○]

5. 地名巴黎。 [○]

DBpedia 链接允许检索命名实体的其他信息，例如列奥纳多·达·芬奇的出生日期和死亡日期。Dandelion API 提供了一个 JSON 文件，其中包含所有信息，包括检测到的每个命名实体的置信度分数。

可以将 Dandelion 配置为提供更高的精度或更多的标注（更高的召回率）。当倾向于更多的标注时，则会识别其他命名实体，如概念都铎时期[⊗]。

这是一个错误的识别。尽管达·芬奇生活在都铎时期，但这一时期适用于英格兰，而不适用于意大利。这表明，NER 和所有人工智能方法一样，可能会产生错误的结果，就像人类在文本中能够误解文字一样。

⊖ http://dbpedia.org/resource/Mona_Lisa
⊜ http://dbpedia.org/resource/Oil_painting
⊝ http://dbpedia.org/resource/Leonardo_da_Vinci
⊕ http://dbpedia.org/resource/Louvre
⊗ http://dbpedia.org/resource/Paris
⊗ http://dbpedia.org/resource/Tudor_period

6.6 快速测验

 请回答下面的问题。

1. 说出并解释自然语言处理的不同领域。

2. 解释语言理解的层次。

3. 解释词袋模型、tf-idf 和 n 元模型。

4. 什么是分词、分句、词性标注和解析？

5. 语言资源能为 NLP 提供什么？请举例说明。

6. NLP 框架提供什么？请举例说明。

7. NLP Web 服务提供什么？请举例说明。

第 7 章

计算机视觉

计算机视觉（CV）是人工智能的一个广泛领域。计算机视觉都与处理图像有关，包括静态图像和运动图像（视频）、分析和生成。相关问题包括：

- ❑ 如何检索和分类图像、视频，例如，哪些照片中含有特定的一些人？
- ❑ 图像中描述了哪些内容或者视频中发生了什么，例如，车辆是否存在碰撞的危险？
- ❑ 如何从内在表征生成图像 / 视频，例如在计算机游戏中如何生成图像 / 视频？

图 7-1 是 AI 领域中的计算机视觉。

计算机视觉具有"感知"的能力。在下一节中，我将简要介绍几个突出的计算机视觉应用。

7.1 计算机视觉应用

光学字符识别（OCR）

光学字符识别（OCR）是从机打、手写或印刷文本中提取出文字。

图 7-2 是使用 FreeOCR[⊖]从截图中重现维基百科中关于米开朗基罗的文章中的文字。

⊖ http://www.freeocr.net

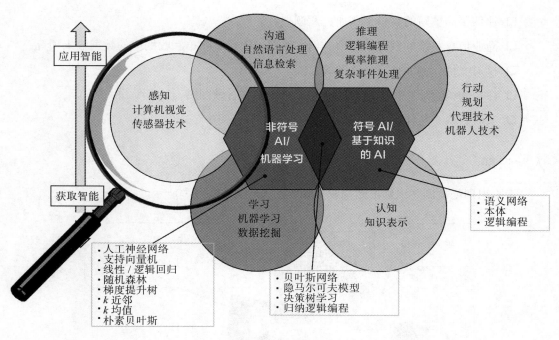

图 7-1 AI 领域中的计算机视觉

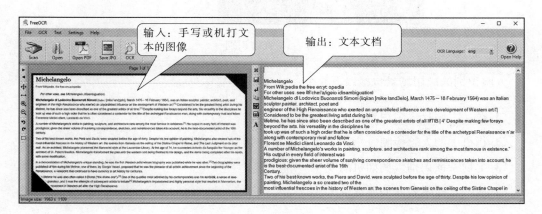

图 7-2 OCR 示例

应用如下：

❑ 扫描信件上的地址。

❑ 自动车牌识别。

- 评估手动填写的表格，例如民意调查。
- 商业信息系统的数据输入项，例如发票、银行对账单和收据中的数据输入项等。
- 核对文件，例如护照、驾照等。
- 存档和检索那些只能扫描的文本文档，例如谷歌图书。
- 实时转换手写体（手写运算）。

人脸识别

人脸识别是检测并识别出图像或视频中的人脸，如图 7-3 所示。

图 7-3　人脸识别

人脸识别的应用场景包括以下几个：

- 在私人照片集中识别出朋友和家庭成员。
- 相机中的人脸检测，用于聚焦和测量被拍摄人面部的曝光。
- 生物特征识别，例如机场安检。
- 从网上检索名人的照片。

图像处理

图像处理是数字图像后期处理的广泛领域，特别是照片处理。图像处理的例子如下。

- 改变颜色、亮度、对比度、平滑、降噪等。
- 修饰，例如去除红眼。

- ❑ 切片，将图像分成不同的部分以单独使用。
- ❑ 图像修复，如图 7-4 所示。

图 7-4　图像修复

医学应用

计算机视觉在医学中有许多应用，例如：

- ❑ 通过PET[一]/CT[二]、MRI[三]、超声图像（2D和3D）等检查程序生成图像，供医生查看。
- ❑ 自动检测 PET/CT、MRI、超声图像等中的异常。

应用实例如图 7-5 所示。

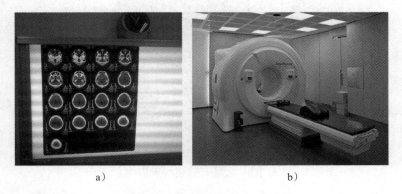

a)　　　　　　　　　　　b)

图 7-5　医学计算机视觉应用

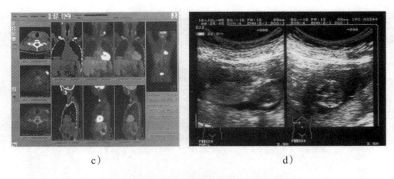

c)   d)

图 7-5 医学计算机视觉应用（续）

工业和农业应用

计算机视觉越来越多地用在工业和农业的自动化过程中。其应用如下：

- ☐ 制造过程中的质量管理。
- ☐ 制造过程中的机器人控制。
- ☐ 农业过程中分拣水果。

图 7-6 是工业计算机视觉应用。

图 7-6 工业计算机视觉应用

自动驾驶应用

目前，计算机视觉应用在现代汽车中是最先进的。其应用如下：

❏ 辅助停车和自动停车。

❏ 碰撞警告。

❏ 道路标志检测。

❏ 自动驾驶。

图 7-7 是汽车计算机视觉应用。

图 7-7　汽车计算机视觉应用

军事、航空和航天应用

在军事、航空和航天工业中，计算机视觉也同样得到了应用。其应用如下：

❏ 碰撞检测。

❏ 无人机和导弹导航。

❏ 检测敌方士兵或车辆。

❏ 自主太空车辆（如图 7-8 所示）。

图 7-8　自主太空车辆

计算机游戏和电影

计算机游戏大多是视觉游戏。在现代电影中，计算机视觉也同样大量用于特效。

- ❑ 在计算机游戏中生成动态图像。
- ❑ 动画电影中生成图像和场景。
- ❑ 动作捕捉，将演员拍摄的视频数字化（如图 7-9 所示）。

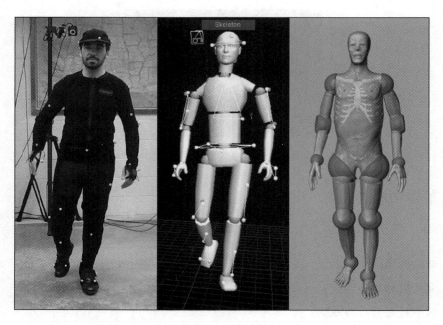

图 7-9　运动捕捉

7.2　计算机视觉任务和方法

由于计算机视觉是一个广泛的领域，有许多组任务可能与具体项目相关，也可能与具体项目无关。以下是一组简单的计算机视觉任务：

1. 图像采集：从光敏相机、超声波相机、雷达、距离传感器、PET/CT/MRI/ 超声设备等设备中采集图像数据。图像数据可能是 2D 或 3D 数据，也可能是静止图像或序列（视频）。

2．预处理：进一步处理图像数据，例如通过缩放、降噪、对比度增强等。方法包括过滤和变换算法。

3．特征提取：识别图像中的线条、边缘、脊线、角点、纹理等。使用时用特定的算法，例如，边缘检测的算法。

4．分割：使用机器学习方法识别感兴趣的图像区域，例如照片中的人脸。

5．高级处理：特定应用的图像处理，例如分类、图像识别、场景分析等。在此过程中，使用机器学习方法以及其他人工智能决策方法。

6．图像生成：使用特定的渲染算法从内在表征（通常是3D）生成图像。

7.3　服务图和产品图

图 7-10 是计算机视觉服务图。

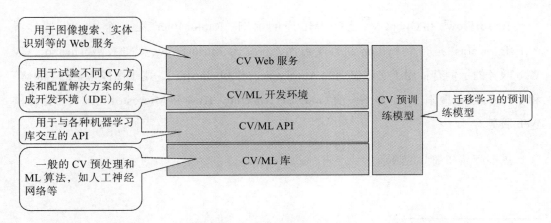

图 7-10　计算机视觉服务图

与机器学习一样，在库级、框架级和网络服务级都有可用的产品。

❑ **CV/ML 算法和库**：图像预处理和特征提取的算法以及机器学习库。

❑ **CV/ML API**：与各种机器学习库接口的 API。

❑ CV/ML 开发环境 / 框架：IDE 以及用于试验不同计算机视觉方法和配置解决方案的框架。

❑ CV Web 服务：用于图像搜索、命名实体识别等的 Web 服务。

❑ CV 预训练模型：迁移学习 CV 任务的预训练机器学习模型。

图 7-11 是计算机视觉产品图。

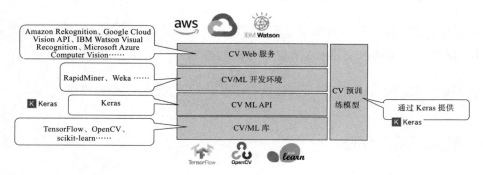

图 7-11　计算机视觉产品图

TensorFlow[一]和 OpenCV[二]是 CV/ML 库的示例。RapidMiner[三]是一个用于机器学习的 IDE。Keras[四]是一个 Python 机器学习库，接口为 TensorFlow、CNTK 或 Theano。CV Web 服务的示例有：用于实体识别的 Autokeyword[五]和 clarifai[六]、用于图像检索的 tineye[七]和 Google 图像搜索[八]。主要供应商 Google、Amazon、IBM 和 Microsoft 为 CV 任务提供 Web 服务。

更多产品和细节见附录。

[一]　https://www.tensorflow.org

[二]　http://opencv.org

[三]　https://rapidminer.com

[四]　https://keras.io

[五]　http://autokeyword.me

[六]　http://www.clarifai.com

[七]　https://www.tineye.com

[八]　https://www.google.de

7.4　示例

在本节中，我通过示例介绍几种 CV 技术。

示例：使用 TensorFlow 进行深度学习的 OCR（Yalçın，2018）

TensorFlow[⊖]是一个用于机器学习的开源 Python 库。它是由谷歌机器智能研究组织的成员开发的。

简单的 OCR（光学字符识别）示例取自在线教程[⊜]（Yalçın，2018）。任务是识别图像中的数字，其中每个图像仅包含一个数字，如图 7-12 所示。

图 7-12　数字示例图像（TensorFlow，2016）

MNIST

这些图像是从 MNIST[⊜]手写数字数据库中拍摄的，可用在学习计算机视觉技术中。每个图像都是 28×28 像素。这些像素可以理解为一个 28×28 的像素数组，经处理后如图 7-13 所示。

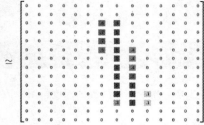

图 7-13　经处理的像素数组（TensorFlow，2016）

⊖　https://www.tensorflow.org/
⊜　https://towardsdatascience.com/image-classification-in-10-minutes-with-mnist-dataset-54c35b77a38d
⊜　http://yann.lecun.com/exdb/mnist

28×28 的像素数组可以展开为 28×28=784 个向量，该向量将用作机器学习的输入。总共有 55 000 张训练图像，所有图像都用它们所代表的数字进行分类，如图 7-14 所示。类别都是独热编码。这意味着训练集中有 10 列，每个数字对应一列。例如，如果图像描绘了数字 5，则在数字 5 的列中是 1，在所有其他列中都是 0。

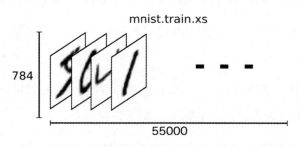

图 7-14　MNIST 数据集的表示（TensorFlow，2016）

深度学习

深度学习已成为图像处理的标准，本节将对此进行介绍。

图像处理的典型深度学习网络拓扑见图 7-15。

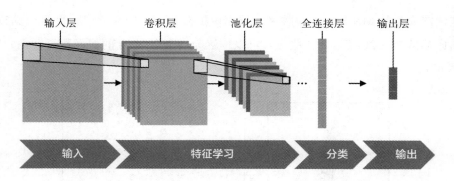

图 7-15　用于图像处理的深度学习，改编自（Ananthram，2018）

深度神经网络的输入层表示要分类的图像的每个像素值的神经元。在 MNIST 例子中值为 784。网络的输出是代表每一类的神经元，即每一个数字对应一个神经元。在输入层和输出层之间有几个卷积层、池化层和全连接层。每一层的输出作为下一层的输入。这种类型的深层神经网络也称为卷积神经网络（CNN）。

卷积层用于从图像中提取特征，例如边缘。其思想是使用小像素滤波器（图 7-16 中间的 3×3 矩阵），该滤波器依次与图像的像素（图 7-16 中的 5×5 矩阵）进行比较。比较只需计算点积即可：点积越高，匹配越好。点积计算是逐步进行的，例如，每一步有一个像素的偏移。结果是比原始像素矩阵更小的矩阵（图 7-16 右侧的 3×3 矩阵）。生成的矩阵保留了图像不同部分之间的关系，同时降低了复杂度。

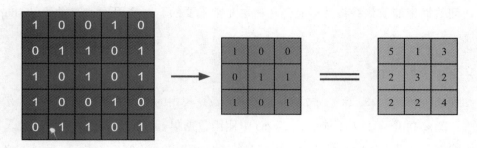

图 7-16   卷积层（Yalçın，2018）

通常在每个卷积层之后插入池化层。池化层通过考虑部分矩阵（图 7-17 中不同灰度的 2×2 矩阵）并计算简单的聚合，如部分中的最大数（最大池化层数），进一步降低了复杂度。所得到的矩阵较小，例如图 7-17 中的 2×2 矩阵。

在使用连续的卷积层和池化层来降低复杂度同时关注相关特征之后，使用全连接层进行分类。顾名思义，在全连接层中，一层的每个神经元都与下一层的所有神经元相连，如图 7-18 所示。

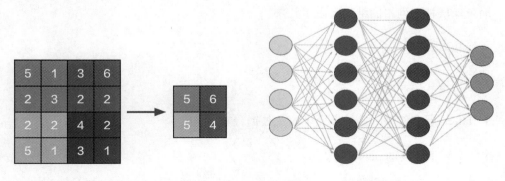

图 7-17   池化层（Yalçın，2018）   图 7-18   全连接层（Yalçın，2018）

Keras 和 TensorFlow

现在，我将解释（Yalçın，2018）中的部分 Keras 和 TensorFlow 代码。Keras 和 TensorFlow 允许直接从其 API 导入和下载 MNIST 数据集。

```
1 import tensorflow as tf
2 (x_train,y_train),(x_test,y_test)=tf.keras.datasets.mnist.load_data()
```

访问数据集的形状并将其传递到卷积层非常重要的。这是用 numpy 数组的 shape 属性完成的。

```
1  x_train.shape
```

结果是（55000, 28, 28）。55 000 表示训练数据集中的图像数量，（28, 28）表示图像大小为：28×28 像素。为了能够在 Keras 中使用数据集，必须对数据进行归一化，因为在神经网络中总是需要归一化。这可以通过将 RGB 代码除以 255 来实现。此外，必须满足 API 要求的数据格式。这里，三维数组必须转换为四维数组。

```
1 # 将数组转换为四维数组，符合 Keras API 要求
2 x_train = x_train.reshape (x_train.shape[0], 28, 28, 1)
3 x_test = x_test.reshape (x_test.shape[0], 28, 28, 1)
4 input_shape = (28, 28, 1) # 确保这些数值是浮点型，这样做完除法后，我们能得到小数
5
6 x_train = x_train.astype ('float32')
7 x_test = x_test.astype ('float32') # 通过除以最大 RGB 值来归一化这些 RGB 的值
8
9 x_train /= 255
10 x_test /= 255
```

简单深层神经网络的结构有以下几层：

1. 卷积层。

2. 最大池化层。

3. flatten 层，忽略一些神经元来避免过拟合。

4. 2 个用于分类的 dense 层。

5. 把二维数组转换为一维数组的 flatten 层。

以下代码实现这个结构：

```
1 # 创建一个 Sequential Model，并增加层数
2 model = Sequential ( )
3 model.add (Conv2D (28, kernel_size=(3,3), input_shape=input_shape))
4 model.add (MaxPooling2D (pool_size=(2, 2)))
5 model.add (Flatten ( )) # 为全连接层展开二维数组
6 model.add (Dense (128, activation=tf.nn.relu))
7 model.add (Dropout (0.2))
8 model.add (Dense (10,activation=tf.nn.softmax))
```

以下代码指定了一个优化器和损失函数，该函数使用度量进行训练。

```
1 model.compile (optimizer='adam',
2               loss='sparse_categorical_crossentropy',
3               metrics=['accuracy'])
```

现在可以训练模型了。epochs 指定了训练数据的使用频率。

```
1 model.fit (x=x_train,y=y_train, epochs=10)
```

最后，你可以按如下方式评估训练过的模型：

```
1 model.evaluate (x_test, y_test)
```

测试集的准确率为 98.5%。对于这样一个简单的模型来说，这是一个相当好的结果，而且训练时只使用了 10 个 epoch。但是，如果不容许 0.1% 的误差，则可以优化模型，例如，通过尝试更多的 epoch、不同的优化器或损失函数、更多的层、不同的超参数等。

训练过的模型现在可以用来预测未知图像中的数字。

```
1 image_index = 4444
2 plt.imshow (x_test[image_index].reshape (28, 28),cmap='Greys')
3 pred = model.predict (x_test[image_index].reshape (1, img_rows, img_cols, 1))
4 print (pred.argmax ( ))
```

在此例子中，返回数字 9，这实际上是索引值为 4444 的图像的正确分类，如图 7-19 所示。

使用像 TensorFlow 这样的机器学习库需要比使用像 RapidMiner 这样的 ML IDE 更

深入地理解算法。但是，它允许更具体地优化应用。

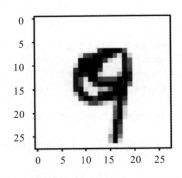

图 7-19   图像示例（Yalçın，2018）

例子：Keras 的迁移学习（Ananthram，2018）

迁移学习

对于小项目来说，从头开始训练深度神经网络是可能的。然而，大多数应用需要训练非常大的神经网络，这需要大量的处理数据和强大的计算能力，这两者的代价都很高。

这时候就用到了迁移学习。在迁移学习中，已训练模型的预训练权重（例如，在属于数千个类的数百万张图像上训练，在几个高功率 GPU 上训练数天）用于预测新类。这种优势是很明显的：

1. 不需要非常大的训练集。

2. 不需要太高的计算能力，因为使用了预先训练的权重，并且只需要学习最后几层的权重。

为了理解迁移学习是如何工作的，请重新考虑图 7-15 中卷积神经网络的结构。特征学习在连续的卷积层和池化层中进行。例如，前几层的滤波器可以学会识别颜色和某些水平线和垂直线。接下来的几层可能会使用在前几层中学习的线条和颜色来识别微不足道的形状。然后，下一层可能会识别纹理，然后识别物体的部分，如腿、眼睛、鼻子等。

这样的分类发生在最后几个全连接的层中。当对新事物进行分类时，例如对单个犬种进行分类时，所有预先训练的特征（如颜色、线条、纹理等）都可以重复使用，并且只需要对犬种进行分类。所有这些都有助于加快训练过程，与从头开始训练神经网络相比，需要的训练数据要少得多。

Keras and MobileNet

MobileNet[⊖]是一个预先训练的模型，它在占用相对较小的空间（17MB）的情况下有着相当高的图像分类精度。在本例中，使用到了机器学习库 Keras[⊖]。Keras 通过 API 访问多个预先训练的模型，支持迁移学习。

构建模型需要以下步骤：

1.导入预先训练的模型并添加 dense 层。

2.载入训练数据。

3.训练模型。

我会在接下来的章节中解释这些步骤。

导入预先训练的模型并添加层

以下 Python 代码导入 MobileNet 网络。MobileNet 的最后一层由 1000 个神经元组成，每个神经元对应它最初训练的分类。因为我们想训练不同等级的网络，例如犬种，我们必须丢弃最后一层。如果犬种分类器要识别 120 个不同的品种，那么我们需要在最后一层中有 120 个神经元。这可以使用以下代码完成。

```
1 base_model=MobileNet(weights='imagenet',include_top=False) # 导入 MobileNet 网络模型，
2 并舍弃最后 1 000 个神经元层
3 x=base_model.output
4 x=GlobalAveragePooling2D()(x)
5 x=Dense(1024,activation='relu')(x) # 添加稠密层（即全连接层），
6 这样模型能学习到更复杂的函数，并能得到更好的分类结果
7 x=Dense(1024,activation='relu')(x) # 全连接层 2
```

⊖ https://keras.io/applications/#mobilenet

⊖ https://keras.io

```
8 x=Dense（512,activation='relu'）(x) # 全连接层 3
9 preds=Dense（120,activation='softmax'）(x) # 利用 softmax 作为输出层
```

接下来，我们根据网络架构创建一个模型。

```
1 model=Model（inputs=base_model.input,outputs=preds）
```

由于我们将使用预先训练的权重，我们必须将所有权重设置为非训练类型。

```
1 for layer in model.layers:
2     layer.trainable=False
```

载入训练数据

以下代码从文件夹中加载训练数据，这些数据必须采用特定格式。

```
1 train_datagen=ImageDataGenerator（preprocessing_function=preprocess_input）
2 train_generator=train_datagen.flow_from_directory（'path-to-the-main-data-
folder',
3                                                    target_size=（224,224），
4                                                    color_mode='rgb',
5                                                    batch_size=32,
6                                                    class_mode='categorical',
7                                                    shuffle=True）
```

训练模型

以下代码在数据集上执行模型的编译和训练。

```
1 model.compile（optimizer=;Adam',loss=;categorical_crossentropy',metrics=['ac
curacy;]）
2 step_size_train=train_generator.n//train_generator.batch_size
3 model.fit_generator（generator=train_generator,
4                     steps_per_epoch=step_size_train,
5                     epochs=10）
```

现在可以评估该模型，并用于预测新图像中的类别。

示例：使用 Autokeyword.me Web 服务进行命名实体识别

用于图像标记的 Web 服务，如 Autokeyword.me[⊖]允许对任何类型的图像进行分类和

⊖ http://autokeyword.me

标记，如图 7-20 所示。

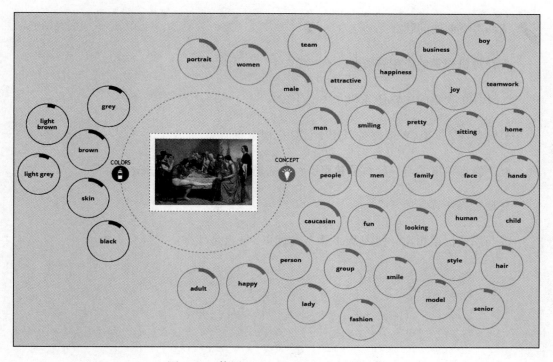

图 7-20　使用 Autokeyword.me 标记示例

　　在这个示例中，对约翰·埃弗雷特·米莱斯（John Everett Millais）[⊖]（1829—1896）的画作《Isabella》进行了分析。标记结果包括像女人和男人这样的概念，以及像有吸引力和微笑这样的属性。它们都具有一定程度的概率，这些概率由圆圈处的一个条状表示。例如，男人的类别比男孩更有可能，事实上，画中有男人，但没有一个男孩。因此，"男孩"一类是假阳性。同样，也有假阴性，例如，画上的狗没有被识别。

　　使用图像标记 Web 服务很简单，只需调用 API 即可。但是，如果结果不适合应用用例，则无法像使用库或框架那样优化解决方案。

⊖　https://upload.wikimedia.org/wikipedia/commons/8/82/John_Everett_Millais_-_Isabella.jpg

7.5 快速测验

 请回答下面的问题。

1. 计算机视觉的应用有哪些?

2. 计算机视觉的主要任务和方法是什么?

3. 哪些库 / 框架 /Web 服务可用于计算机视觉?

4. 请解释深度学习。什么是卷积层? 什么是池化层? 什么是 dense 层?

5. 请解释迁移学习。

6. 与库或框架相比,使用 Web 服务的优点 / 缺点是什么?

第 8 章

复杂事件处理

复杂事件处理（CEP）能处理事件数据流并从中得出结论。

图 8-1 是 AI 领域中的 CEP。

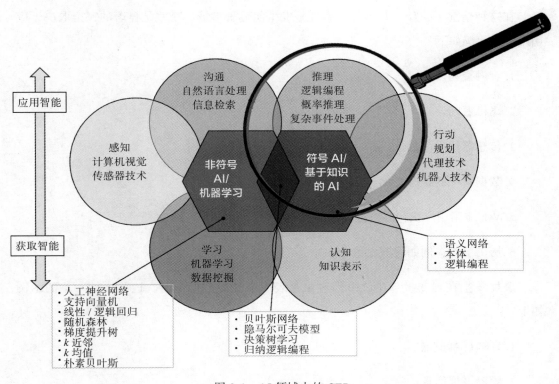

图 8-1　AI 领域中的 CEP

CEP 有推理的能力。CEP 的应用有：

1. 基于支付交易数据检测欺诈。

2. 根据股市信息做出买卖决定。

3. 根据交通数据变换信号灯。

4. 基于网店点击流分析做出购买推荐。

所有这些应用都有一个共同点，即根据事件（如支付交易、股票市场反馈等）实时做出复杂决策（如欺诈警报、买卖等）。

8.1 基础

在这种情况下，什么是事件？事件是发生的显著事情。哪些是显著的完全取决于应用用例。示例如下：

1. 金融交易。

2. 飞机着陆。

3. 传感器输出读数。

4. 数据库中的状态变化。

5. Web 应用用户执行的按键操作。

6. 历史事件，例如法国大革命。

事件发生在现实世界中。事件对象是表示事件的数据记录。这些事件对象的示例如下：

1. 采购订单记录。

2. 股票报价信息。

3. RFID 传感器记录。

事件类型（又称事件类）指定了相关事件对象的共同结构，即它们的属性和数据类型，例如，具有属性 timestamp、buyer、product 和 price 的 PurchasingEvent。在 CEP 中，术语"事件"通常也用于事件对象和事件类型。从上下文来看，真实世界的事件是指具体的数据记录或者其类型，通常会清晰地说明。CEP 引擎可以使用 CEP 规则语言指定 CEP 规则并执行它们。CEP 规则指定可以匹配事件流中事件的模式。消息代理是管理消息流（特别是事件对象）的平台。

图 8-2 是数据库管理系统（DBMS）和 CEP 引擎中的数据访问之间的差异。

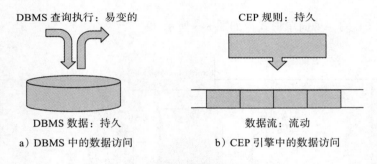

图 8-2　DBMS 与 CEP 引擎中的数据访问

DBMS 存储持久性数据。查询（例如，用 SQL 表示的查询）立刻就会执行，并根据持久性数据的当前状态返回查询结果。相反，CEP 的数据源是一个流动的事件流。CEP 规则是持久的，CEP 引擎不断尝试将 CEP 规则与事件匹配。每当 CEP 规则匹配时，就会生成一个更高（复杂）的事件，该事件可能会触发某些操作。

8.2　应用示例：智能工厂中的故障检测

本节以我的研究项目"智能工厂中的故障检测"（Beez 等人，2018）中的应用实例来解释 CEP。

用例是玻璃生产中的视觉质量检查。玻璃检测机由摄像头、灯以及带有检查软件的服务器组成。机器的每个组件（包括互连装置）以及软件级和硬件级都可能发生错误。检测机的错误可能导致生产出未经检验的玻璃或质量未知的玻璃，从而影响工厂产量。常见的检测机错误包括摄像机故障、网络错误、照明问题或外部系统参数配置错误。通常，只要将系统在运行时生成的分布式日志信息视为一个整体，就可以找到此类问题出现的迹象。

此后，我将在此应用上下文中描述一些典型的 CEP 规则。我们假设来自检测机各个组件的日志消息被规范化为公共事件格式，这些日志是由消息代理发送的。CEP 规则的一部分以伪代码表示，面向像 Apache Flink 这样的 CEP 语言。

过滤

过滤是 CEP 的一种简单形式，如图 8-3 所示。

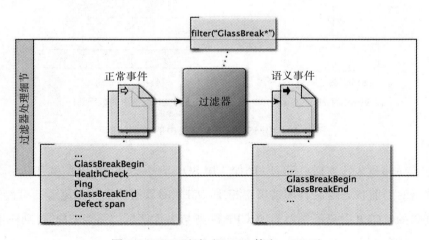

图 8-3　CEP 过滤（Kaupp 等人，2017）

假设事件具有 GlassBreakBegin、GlassBreakEnd、DefectSpan 等类型，则 CEP 规则筛选器（"GlassBreak*"）将筛选与正则表达式"GlassBreak*"匹配的所有类型的事件。在该例子中，过滤类型为 GlassBreakBegin、GlassBreakEnd 的事件表明正在制造的玻璃破裂。

模式匹配

模式匹配能够检测事件序列中的模式。图 8-4 所示的模式应用于由图 8-3 的过滤规则生成的事件流。

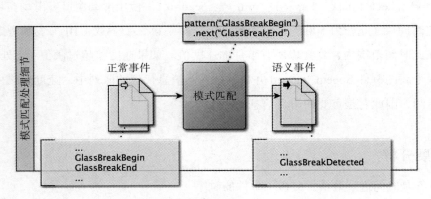

图 8-4　CEP 模式匹配（Kaupp 等人，2017）

　　如果 GlassBreakBegin 事件紧接着 GlassBreakEnd 事件，则 CEP 规则中的条件模式（"GlassBreakBegin".next（"GlassBreakEnd"）就会匹配。在这种情况下，可以生成更高级别的语义事件 GlassBreakDetected，并将其插入到消息代理的队列中。

数值进展分析

　　图 8-5 是数值进展分析，分析了事件中数值的连续变化。

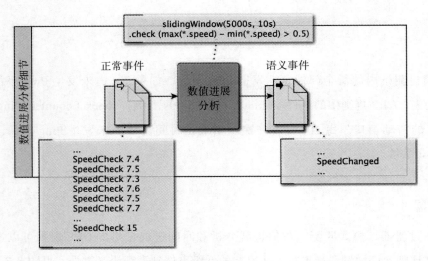

图 8-5　数值进展分析（Kaupp 等人，2017）

每个 SpeedCheck 事件都会有传送带速度的快照。CEP 规则中的条件 slidingWindow（5000s,10s）.check（max（*.speed）-min（*.speed>0.5）使用滑动窗口。滑动窗口是事件流中特定时间段（此处为 500s）内最后事件的子集。第二个参数（10s）表示考虑窗口的频率。在此时间范围内，将考虑所有事件的速度值。如果速度差超过阈值（此处为 0.5），会生成一个新的事件 SpeedChanged 并将其插入到消息代理的队列中。速度变化可能会影响缺陷检测，因此它是重要的语义信息。

时间进展分析

图 8-6 是时间进展分析，分析了事件的时序。

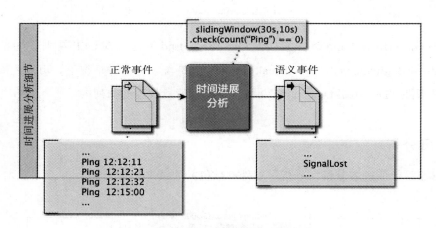

图 8-6　时间进展分析（Kaupp et al, 2017）

玻璃检测机内的每个部件定期发送 Ping 事件。如果 30s 内未发生 Ping 事件，则视为信号丢失。CEP 规则中的条件 slidingWindow（30s，10s）.check（count（"Ping"）==0）使用 30s 的滑动窗口，每 10s 检查一次。如果在时间窗口内未发生 Ping 事件，则生成 SignalLost 事件。

语义丰富

使用过滤器、模式匹配、数值进展分析和时间进展分析的 CEP 规则可以迭代地应用。CEP 规则允许增量语义丰富，从原始的低级事件到高级语义事件，见图 8-7。

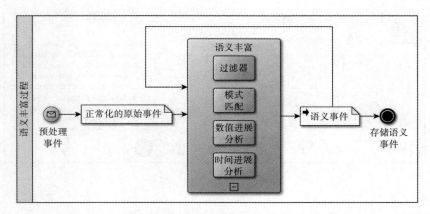

图 8-7　CEP 语义丰富（Kaupp 等人，2017）

CEP 规则生成的语义事件可以作为其他 CEP 规则的输入。例如，高传送带速度通常意味着较薄的玻璃层。随着玻璃厚度的增加，缺陷的性质发生变化，在不同厚度之间的过渡过程中，可能会出现许多缺陷。然后，可以使用上面介绍的语义事件 SpeedChanged 生成语义 ThicknessChanged 事件。

8.3　服务图和产品图

图 8-8 是 CEP 的服务图。

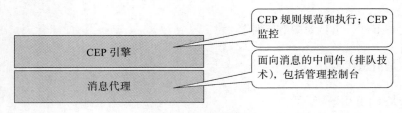

图 8-8　CEP 服务图

消息代理实现面向消息的中间件，提供消息队列技术。允许管理事件消息流。消息代理还提供用于管理消息队列的控制台。CEP 引擎允许指定 CEP 规则并执行消息代理。消息代理还允许监控 CEP。

图 8-9 是 CEP 产品图。

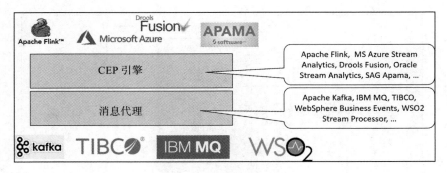

图 8-9   CEP 产品图

所有主要 IT 供应商都提供消息代理和 CEP 引擎。此外，还有几种可用于生产的开源解决方案。消息代理的例子有 Apache Kafka、IBM MQ、TIBCO、WebSphere Business Events 和 WSO2 Stream Processor。CEP 引擎的例子包括 Apache Flink、MS Azure Stream Analytics、Drools Fusion、Oracle Stream Analytics 和 SAG Apama。

8.4   快速测验

 请回答下列问题。

1. 什么是 CEP？

2. 什么是事件、事件对象和事件类型？

3. 什么是消息代理？

4. 什么是 CEP 引擎？

5. 解释 DBMS 和 CEP 引擎中的数据访问之间的区别？

6. 解释过滤器、模式匹配、数值进展分析和时间进展分析。

7.CEP 如何用于语义丰富？

8. 请列出比较突出的 CEP 产品。

第 **9** 章

结　论

人工智能是相关的和普遍存在的。语音控制的个人助理、摄像头中的人脸识别、电子邮件客户端中的垃圾邮件过滤和计算机游戏中的人工智能都是人工智能在日常使用中的应用例子。毕竟，AI 应用是 IT 应用，它们的开发需要软件工程技能。"应用人工智能——一种工程方法"的重点正是这些技能。

许多人工智能应用对我们的社会有影响。制造业和农业自动化程度的提高对劳动力产生了巨大影响。当发生严重事故时，自动驾驶汽车将引发新的法律问题。最关键的是，致命的自主武器系统的出现引发了最严重的道德问题。一千余名人工智能专业人士签署了一封公开信[一]，内容是"禁止人类无法控制的攻击性自主武器"。因此，人工智能应用的开发者必须考虑到这些应用对我们社会的影响，并采取负责任的行动。

最后，我希望人们会一直使用本书。亲爱的读者，请提出宝贵意见或者探讨本书中所述的观点，从而改进本书。我期待你们的反馈，我的邮箱是 bernhard.humm@h-da.de。

[一] http://futureoflife.org/open-letter-autonomous-weapons/

附　录

产　品　表

　　本附录中的多张表格列出了人工智能不同领域的产品，以及在各个领域的产品图。用星号表示分配的服务类别。

机器学习

机器学习产品表

产品	机器学习库	ML 开发环境	ML Web 服务	预训练模型
aisolver⊖	*			
Amazon AWS Machine Learning⊖			*	
Apache Mahout⊜	*			
bigml④			*	
Caffe⑤	*			
CURRENNT⑥	*			
Deeplearning4j⊕	*			
eblearn⑧	*			

⊖　http://sourceforge.net/projects/aisolver

⊖　https://aws.amazon.com/de/machine-learning

⊜　https://mahout.apache.org

④　https://bigml.com

⑤　http://caffe.berkeleyvision.org

⑥　http://sourceforge.net/projects/currennt

⊕　http://deeplearning4j.org

⑧　http://sourceforge.net/projects/eblearn

（续）

产品	机器学习库	ML 开发环境	ML Web 服务	预训练模型
ELKI Data Mining⊖	*	*		
Encog⊖	*			
Fast Artificial Neural Network Library⊜	*			
Google Cloud Machine Learning㊃			*	
IBM Watson Machine Learning㊄			*	
Jaden㊅	*	*		
Java Neural Network Framework Neuroph㊆	*	*		
Joone㊇	*	*		
Keras㊈	*	*		*
KNIME⊕			*	
Microsoft Azure MachineLearning Studio⊕				
MLlib (Apache Spark)⊕	*			
MS Cognitive Toolkit⊕	*			
OpenNN - Open Neural Networks Library⊕	*			
Orange⊕			*	
procog⊕	*			
R⊕	*	*		
RapidMiner㊅	*	*		

⊖　https://elki-project.github.io

⊖　http://www.heatonresearch.com/encog

⊜　http://sourceforge.net/projects/fann

㊃　https://cloud.google.com/products/machine-learning

㊄　https://www.ibm.com/cloud/machine-learning

㊅　http://sourceforge.net/projects/jaden

㊆　http://sourceforge.net/projects/neuroph

㊇　http://sourceforge.net/projects/joone

㊈　https://keras.io

⊕　https://www.knime.com

⊕　https://azure.microsoft.com/de-de/services/machine-learning-studio

⊕　http://spark.apache.org/mllib

⊕　https://docs.microsoft.com/en-us/cognitive-toolkit

⊕　http://sourceforge.net/projects/opennn

⊕　http://orange.biolab.si

⊕　http://precog.com

⊕　https://www.r-project.org

㊅　https://rapidminer.com

（续）

产品	机器学习库	ML 开发环境	ML Web 服务	预训练模型
scikit-learn⊖	*			
Shogun⊜	*			
SPSS Modeler⊜	*	*		
TensorFlow⊕	*			
Theano⊕	*			
Torch⊕	*			
WEKA⊕	*	*		

知识表示

知识表示产品表

产品	集成开发环境	知识编辑器	API	查询引擎	推理机	集成/丰富	知识库	知识资源
AllegroGraph⊕		*	*	*		*		
Apache Jena⊕		*	*	*		*		
Apache Jena Fuseki⊕				*				
Apache Stanbol⊕			*	*	*	*	*	
Cognitum FluentEditor⊕	*							
CYC⊕								*
DBpedia⊕								*

⊖　http://scikit-learn.org

⊜　http://www.shogun-toolbox.org

⊜　https://www.ibm.com/analytics/spss-statistics-software

⊕　https://www.tensorflow.org

⊕　http://deeplearning.net/software/theano

⊕　http://torch.ch

⊕　http://www.cs.waikato.ac.nz/ml/weka

⊕　http://franz.com/agraph/allegrograph

⊕　http://jena.apache.org

⊕　https://jena.apache.org/documentation/fuseki2

⊕　https://stanbol.apache.org

⊕　http://www.cognitum.eu/semantics/FluentEditor

⊕　http://www.cyc.com

⊕　https://wiki.dbpedia.org

（续）

产品	集成开发环境	知识编辑器	API	查询引擎	推理机	集成/丰富	知识库	知识资源
dotNetRDF⊖		*						
Eclipse rdf4j⊖		*	*	*		*		
FaCT++⊜					*			
GND④								*
GraphDB⑤				*	*		*	
HermiT⑥					*			
i-Views Knowledge Graph Plat form⑦	*	*	*	*	*		*	
Neo4J⑧							*	
OpenLink Virtuoso⑨			*	*	*		*	
PoolParty⑩	*	*	*	*	*	*	*	
Protégé⑪		*						
RacerPro⑫					*			
Semafora⑬	*	*	*	*	*		*	
Topbraid Composer⑭		*						
Topbraid EDG	*	*	*	*	*	*	*	
Wikidata⑮								*
YAGO⑯								*

⊖　https://www.dotnetrdf.org

⊖　https://rdf4j.org

⊜　http://owl.man.ac.uk/factplusplus

④　https://www.dnb.de/DE/Professionell/Standardisierung/GND/gnd_node.html

⑤　http://www.ontotext.com/products/ontotext-graphdb

⑥　http://hermit-reasoner.com

⑦　https://i-views.com/de/knowledge-graph-plattform

⑧　https://neo4j.com

⑨　https://virtuoso.openlinksw.com

⑩　https://www.poolparty.biz

⑪　http://protege.stanford.edu

⑫　http://franz.com/agraph/racer

⑬　https://www.semafora-systems.com

⑭　http://www.topquadrant.com/tools/ide-topbraid-composer-maestro-edition

⑮　https://www.wikidata.org

⑯　https://www.mpi-inf.mpg.de/departments/databases-and-information-systems/research/yago-naga/yago

AI 应用架构

AI 应用架构产品表

产品	表示	应用逻辑	API	知识库 / 查询引擎 / 推理机	数据集成 / 语义丰富	第三方 AI Web 服务
AllegroGraph⊖			*	*		
Amazon AWS AI⊖						*
Apache Any23⊜					*	
Apache Jena⊠			*	*		
Apache Nutch⊛					*	
Apache Stanbol⊗			*	*	*	
C#		*				
C++		*				
Clojure /Lisp		*				
Eclipse rdf4j⊕			*	*		
Google Cloud AI⑧						*
GraphDB⑨				*		
HTML/CSS	*					
IBM Watson AI Services ⊕						*
Java		*				
JavaScript	*					
Keras⊕		*				
Microsoft Azure AI⊕						*
Python		*				

⊖　https://franz.com/agraph/allegrograph

⊖　https://aws.amazon.com/ai

⊜　https://any23.apache.org

⊠　https://jena.apache.org

⊛　http://nutch.apache.org

⊗　https://stanbol.apache.org

⊕　http://rdf4j.org

⑧　https://cloud.google.com/products/ai

⑨　https://www.ontotext.com/products/graphdb

⊕　https://www.ibm.com/watson/products-services

⊕　https://keras.io

⊕　https://www.microsoft.com/AI

（续）

产品	表示	应用逻辑	API	知识库/查询引擎/ 推理机	数据集成/ 语义丰富	第三方 AI Web 服务
scikit-learn⊖		*				
Spark MLlib⊜		*				
TensorFlow⊜		*				
Virtuoso⊠			*	*	*	

代理框架

代理框架产品表

产品	描述
代理集合⑤	代理集合框架是开源的工具、平台和语言的集合，支持开发和部署多智能体系统
Cougaar（认知代理结构）⑥	Cougaar 是一种基于 Java 的架构，为了构建大规模分布式基于代理的应用
JaCaMo⑦	JaCaMo 是一个多代理编程架构
JADE（Java 代理开发框架）⑧	JADE（Java 代理开发框架）是一个完全用 Java 语言实现的软件框架。它通过一个中间件简化了多代理系统的实现
Jadex BDI Agent System⑨	Jadex 是一个信念－欲望－意图（BDI）推理引擎，允许用 XML 和 Java 对智能软件代理进行编程
JIAC（基于 Java 的智能代理组件）⑩	JIAC（基于 Java 的智能代理组件）是一种基于 Java 的代理体系结构和框架，简化了大规模分布式应用和服务的开发和操作
osBrain（通用多代理 Python 模块）⑪	osBrain 是一个用 Python 编写的通用多代理系统模块，由 OpenSistemas 开发

⊖ https://scikit-learn.org

⊜ https://spark.apache.org/mllib

⊜ https://www.tensorflow.org

⊠ http://virtuoso.openlinksw.com

⑤ https://sourceforge.net/projects/agentfactory

⑥ http://www.cougaar.world

⑦ http://jacamo.sourceforge.net

⑧ http://jade.tilab.com

⑨ http://sourceforge.net/projects/jadex

⑩ http://www.jiac.de/agent-frameworks

⑪ https://github.com/opensistemas-hub/osbrain

信息检索

信息检索产品表

产品	搜索引擎库	索引	爬虫	搜索服务平台	搜索 Web 服务
Apache Lucene[一]		*			
Apache Nutch[二]			*		
Apache Solr[三]	*	*		*	
Elastic Search[四]	*	*		*	
Google Search[五]					*
Yahoo Search[六]					*
Yandex Search[七]					*

自然语言处理

自然语言处理产品表

产品	NLP 构造块	NLP 框架	NLP Web 服务	NLP 资源
Amazon Alexa Voice service[八]			*	
Apache UIMA（非结构信息管理架构）[九]		*		
Bing Translate API			*	
Botkit[十]		*		
ChatterBot[十一]	*	*		
Chrome Web Speech API[十二]		*		

[一] http://lucene.apache.org/core

[二] http://nutch.apache.org

[三] http://lucene.apache.org/solr

[四] http://www.elasticsearch.org

[五] https://www.google.com

[六] https://yahoo.com

[七] https://www.yandex.com

[八] https://developer.amazon.com/de/alexa-voice-service

[九] https://uima.apache.org

[十] https://botkit.ai

[十一] https://github.com/gunthercox/ChatterBot

[十二] https://developers.google.com/web/updates/2013/01/Voice-Driven-Web-Apps-Introduction-to-the-Web-Speech-API?hl=en

（续）

产品	NLP 构造块	NLP 框架	NLP Web 服务	NLP 资源
Dandelion API[一]			*	
DBpediaSpotlight[二]			*	
DeepL[三]			*	
GATE (General Architecture for Text Engineering)[四]		*		
Germanet[五]				*
Google Cloud Speech API[六]			*	
Google Dialogflow[七]	*		*	
Google Translate API[八]			*	
IBM Watson NLP[九]			*	
IBM Watson Speech-to-Text[十]			*	
MS Azure Speech Services[十一]			*	
MS Bot Framework[十二]		*	*	
自然语言 Toolkit[十三]		*		
Ontotext[十四]			*	
Pandorabots[十五]	*	*		
RASA[十六]	*	*		
scikit-learn[十七]	*			
spaCy[十八]	*	*	*	*

[一] https://dandelion.eu

[二] https://www.dbpedia-spotlight.org

[三] https://www.deepl.com/translator

[四] https://gate.ac.uk

[五] http://www.sfs.uni-tuebingen.de/GermaNet

[六] https://cloud.google.com/speech

[七] https://dialogflow.com

[八] https://cloud.google.com/translate

[九] https://cloud.ibm.com/catalog/services/natural-language-understanding

[十] https://www.ibm.com/watson/services/speech-to-text

[十一] https://azure.microsoft.com/de-de/services/cognitive-services/speech

[十二] https://dev.botframework.com

[十三] https://www.nltk.org

[十四] https://www.ontotext.com

[十五] https://home.pandorabots.com

[十六] https://rasa.com

[十七] https://scikit-learn.org

[十八] https://spacy.io

（续）

产品	NLP 构造块	NLP 框架	NLP Web 服务	NLP 资源
Spark MLlib⊖	*			
Stanford EnglishTokenizer⊜	*			
Stanford NER⊜	*			
Stanford Parser⊛	*			
Stanford POS Tagger⊛	*			
TensorFlow⊛	*			
TextRazor⊕	*		*	
Wikimeta API⊛			*	
Wordnet⊛				*
Yandex Translate API⊕			*	

计算机视觉

计算机视觉产品表

产品	CV/ML 库	CV/ML 开发环境	CV Web 服务	CV 预训练模型
Amazon Rekognition⊕			*	
Autotag⊕			*	
BetaFace⊕			*	
BoofCV⊛	*			

⊖　https://spark.apache.org/mllib

⊜　http://nlp.stanford.edu/software/tokenizer.shtml

⊜　http://nlp.stanford.edu/software/CRF-NER.shtml

⊛　http://nlp.stanford.edu/software/lex-parser.shtml

⊛　http://nlp.stanford.edu/software/tagger.shtml

⊛　https://www.tensorflow.org

⊕　https://www.textrazor.com

⊛　https://www.programmableweb.com/api/wikimeta

⊛　http://wordnet.princeton.edu

⊕　https://api.yandex.com/translate

⊕　https://aws.amazon.com/rekognition

⊛　http://autokeyword.me/demo/?key=common

⊛　http://www.betaface.com

⊛　http://boofcv.org

产品	CV/ML 库	CV/ML 开发环境	CV Web 服务	CV 预训练模型
Clarifai⊖			*	
DenseNet⊖				*
encog⊜	*			
Google Cloud Vision API⊠			*	
IBM Watson Visual Recognition⊛			*	
Inception⊛				*
Keras⊕	*			
MobileNet⊛				*
MS Azure Computer Vision⊛			*	
NASNet⊕				
Neuroph（Java 神经网络框架）⊕	*	*		
OpenCV⊕	*			
Pan-o-Matic⊕	*			
RapidMiner⊕	*	*		
ResNet⊕				*
SURF⊛	*			
TensorFlow⊕	*			
Theano⊛	*			

⊖　http://www.clarifai.com

⊜　https://keras.io/applications/#densenet

⊜　http://www.heatonresearch.com/encog

⊠　https://cloud.google.com/vision

⊛　https://www.ibm.com/watson/services/visual-recognition

⊛　https://keras.io/applications/#inceptionv3

⊕　https://keras.io

⊛　https://keras.io/applications/#mobilenetv2

⊛　https://azure.microsoft.com/en-us/services/cognitive-services/computer-vision

⊕　https://keras.io/applications/#nasnet

⊕　http://neuroph.sourceforge.net

⊕　http://opencv.org

⊕　http://aorlinsk2.free.fr/panomatic/?p=home

⊕　https://rapidminer.com

⊕　https://keras.io/applications/#resnet

⊛　http://people.ee.ethz.ch/~surf

⊕　https://www.tensorflow.org

⊛　http://deeplearning.net/software/theano

（续）

产品	CV/ML 库	CV/ML 开发环境	CV Web 服务	CV 预训练模型
tineye⊖			*	
Torch⊜	*			
VGG19⊜				
WEKA⊗	*	*		

复杂事件处理（CEP）

CEP 产品表		
产品	消息代理	CEP 引擎
Amazon Kinesis⊗	*	
Apache ActiveMQ⊗	*	
Apache Flink⊕		*
Apache Kafka⊗	*	
Apache Qpid⊗	*	
Apache Storm⊕		*
Drools Fusion⊕		*
Eclipse Mosquitto MQTT Broker⊕	*	
Esper⊕		*
EVAM Streaming Analytics⊕		*

⊖　https://www.tineye.com

⊜　http://torch.ch

⊜　https://keras.io/applications/#vgg19

四　http://www.cs.waikato.ac.nz/ml/weka

五　https://aws.amazon.com/kinesis

六　http://activemq.apache.org

七　https://flink.apache.org

八　https://kafka.apache.org

九　https://qpid.apache.org

⊕　https://storm.apache.org

⊕　https://www.drools.org

⊕　https://mosquitto.org

⊕　http://www.espertech.com/esper

⊕　http://evam.com

（续）

产品	消息代理	CEP 引擎
Fuse Message Broker	*	
IBM MQ⊖	*	
Informatica RulePoint⊜		*
JBoss Messaging⊜	*	
Microsoft StreamInsight⊛		*
MS Azure Stream Analytics⊛		*
Open Message Queue⊛	*	
Oracle Stream Analytics⊕	*	*
RabbitMQ⊛	*	
Redis⊛	*	
SAG Apama⊕		*
SAP ESP		*
SAS ESP⊕		*
Siddh⊕		*
TIBCO⊕	*	*
VIATRA-CEP⊕		*
WebSphere Business Events⊕	*	*
WSO2 Stream Processor⊛		*

⊖　https://www.ibm.com/products/mq

⊜　https://www.informatica.com/products/data-integration/real-time-integration/rulepoint-complex-event-processing.html

⊜　http://labs.jboss.org/jbossmessaging

⊛　https://msdn.microsoft.com/en-us/library/ee391416(v=sql.111).aspx

⊛　https://docs.microsoft.com/de-de/azure/stream-analytics/stream-analytics-introduction

⊛　https://javaee.github.io/openmq

⊕　http://www.oracle.com/technetwork/middleware/complex-event-processing/overview/index.html

⊛　https://www.rabbitmq.com

⊛　https://redis.io

⊕　http://apamacommunity.com

⊕　https://www.sas.com/en_us/software/event-stream-processing.html

⊕　http://siddhi.sourceforge.net

⊕　https://www.tibco.com/products/event-driven-applications

⊕　https://wiki.eclipse.org/VIATRA/CEP

⊕　https://www-01.ibm.com/software/integration/wbe

⊛　https://docs.wso2.com/display/SP400/Stream+Processor+Documentation

参 考 文 献

(Allemang and Hendler, 2011) Dean Allemang, James Hendler: "Semantic Web for the Working Ontologist: Effective Modeling in RDFS and OWL". 2nd Edition Morgan Kaufmann Publishers Inc., San Francisco, 2011.

(American Heritage, 2001) "Behind the Cutting Edge: The Myth Of Artificial Intelligence". American Heritage, Volume 52, Issue 1, 2001. Online resource[⊖] (accessed 2018/07/14).

(Ananthram, 2018) Aditya Ananthram: "Deep Learning For Beginners Using Transfer Learning In Keras" Towards Data Science[⊜], Oct 17, 2018 (accessed 2020/03/24).

(Baeza-Yates, 2018) Ricardo Baeza-Yates: "Bias on the Web". Communications of the ACM, June 2018, Vol 61, No. 6, pp 54-61, 10.1145/3209581.

(Beez et al., 2018) Ulrich Beez, Lukas Kaupp, Tilman Deuschel, Bernhard G. Humm, Fabienne Schumann, Jürgen Bock, Jens Hülsmann: "Context-Aware Documentation in the Smart Factory". In: Thomas Hoppe, Bernhard G. Humm, Anatol Reibold (Eds.): Semantic Applications-Methodology, Technology, Corporate Use. pp. 163-180. Springer Verlag, Berlin, 2018. ISBN 978-3-662-55432-6.

(Bowker and Star, 1999) G. C. Bowker, S. L. Star: "Sorting Things Out: Classification and its consequences". MIT Press, Cambridge, 1999.

(Busse et al., 2015) Johannes Busse, Bernhard Humm, Christoph Lübbert, Frank Moelter, Anatol Reibold, Matthias Rewald, Veronika Schlüter, Bernhard Seiler, Erwin Tegtmeier, Thomas Zeh: "Actually, What Does "Ontology" Mean? A Term Coined by Philosophy in the Light of Different Scientic Disciplines". Journal of Computing and Information Technology - CIT 23, 2015, 1, 29–41.

(Ege et al., 2015) Börteçin Ege, Bernhard Humm, Anatol Reibold (Editors): "Corporate Semantic Web – Wie semantische Anwendungen in Unternehmen Nutzen stiften" (in German). Springer- Verlag, 2015.

(Galkin, 2016) Ivan Galkin: "Crash Introduction to Artificial Neural Networks". University of Massachusetts Lowell. Online resource[⊜] (accessed 2016/05/01).

⊖ https://www.americanheritage.com/content/myth-artificial-intelligence

⊜ https://towardsdatascience.com/keras-transfer-learning-for-beginners-6c9b8b7143e

⊜ http://ulcar.uml.edu/~iag/CS/Intro-to-ANN.html

(Goodman and Tenenbaum, 2016) Noah D. Goodman, Joshua B. Tenenbaum: "Probabilistic Models of Cognition". Online resource[⊖] (accessed 2016/05/25).

(Harriehausen, 2015) Bettina Harriehausen-Mühlbauer: "Natural Language Processing". Lecture Script, Hochschule Darmstadt - University of Applied Sciences, Computer Science Department. Darmstadt, Germany.

(Hoppe, 2015) Thomas Hoppe: "Modellierung des Sprachraums von Unternehmen" (in German). In: Börteçin Ege, Bernhard Humm, Anatol Reibold (Editors): "Corporate Semantic Web – Wie semantische Anwendungen in Unternehmen Nutzen stiften" . Springer-Verlag, 2015.

(Hoppe et al., 2018) Thomas Hoppe, Bernhard G. Humm, Anatol Reibold (Eds.): Semantic Applications-Methodology, Technology, Corporate Use. Springer Verlag, Berlin, 2018. ISBN 978-3-662-55432-6.

(Humm, 2020) Bernhard G. Humm: Fascinating with Open Data: openArtBrowser. In Adrian Paschke, Clemens Neudecker, Georg Rehm, Jamal Al Qundus, Lydia Pintscher (Eds.): Proceedings of the Conference on Digital Curation Technologies (Qurator 2020). CEUR Workshop Proceedings Vol-2535, urn:nbn:de:0074-2535-7. Berlin, Germany, 2020.

(Kaupp et al., 2017) Lukas Kaupp, Ulrich Beez, Bernhard G. Humm, Jens Hülsmann: "From Raw Data to Smart Documentation: Introducing a Semantic Fusion Process". In: Udo Bleimann, Bernhard Humm, Robert Loew, Stefanie Regier, Ingo Stengel, Paul Walsh (Eds): Proceedings of the Collaborative European Research Conference (CERC 2017), pp 83-94, Karlsruhe, Germany, 22-23 September 2017. ISSN: 2220-4164.

(More et al., 2004) Dana Moore, Aaron Helsinger, David Wells: "Deconfliction in ultra-large MAS: Issues and a potential architecture". In Proceedings of the First Open Cougaar Conference, pp. 125-133. 2004.

(Mueller-Birn, 2019) Claudia Mueller-Birn: "What Is Beyond the ' Human-Centered ' Design of AIdriven Systems?" Medium.com[⊖], Nov 2019 (accessed 2020-01-29).

(O'Neil 2016) Cathy O'Neil: "Weapons of Math Destruction". Crown Books, 2016. ISBN 0553418815 (Russell and Norvig, 1995) Stuart Russell, Peter Norvig: "Artificial Intelligence: A Modern Approach", Prentice-Hall, 1995.

(Russell and Norvig, 2013) Stuart Russell, Peter Norvig: "Artificial Intelligence: A Modern Approach", 3rd Edition. Pearson, 2013.

⊖ https://probmods.org/

⊖ https://medium.com/@clmb/what-is-beyond-the-human-centered-design-of-ai-driven-systems-10f90beb9574

(Tensorflow, 2016) Tensorflow:"MNIST for Beginners" Tutorial⊖ (accessed 2016-05-01).

(Watson, 2010) Marc Watson: "Practical Semantic Web and Linked Data Applications, Java, Scala, Clojure, and JRuby Edition". www.markwatson.com⊜, 2010 (accessed 2016/05/25).

(Watson, 2011) Marc Watson: "Practical Semantic Web and Linked Data Applications, Common Lisp Edition". www.markwatson.com⊜, 2011 (accessed 2016/05/25).

(Watson, 2013) Marc Watson: "Practical Artificial Intelligence Programming with Java". LeanPub, 2013.

(Yalçın, 2018) Orhan Gazi Yalçın: "Image Classification in 10 Minutes with MNIST Dataset". Towards Data Science⊛, Aug 19, 2018 (accessed 2020/03/24).

⊖ https://www.tensorflow.org/versions/r1.0/get_started/mnist/beginners

⊜ https://www.markwatson.com/books/

⊜ https://www.markwatson.com/books/

⊛ https://towardsdatascience.com/image-classification-in-10-minutes-with-mnist-dataset-54c35b77a38d

推荐阅读

人工智能：计算Agent基础（原书第2版）

作者：David L. Poole 等 译者：黄智濒 等 ISBN：978-7-111-68435-0 定价：149.00元

本书是人工智能领域的经典导论书籍，新版对符号方法和非符号方法进行了广泛讨论，这些知识是理解当前和未来主要人工智能方法的基础。理论结合实践的讲解方式使得本书更易于学习，对于想要了解AI并准备跨入该领域的读者来说，本书将是必不可少的。

——Robert Kowalski，伦敦帝国理工学院

本书清晰呈现了AI领域的全貌，从逻辑基础到学习、表示、推理和多智能体系统的新突破均有涵盖。作者将AI看作众多技术的集成，一层一层地讲解构建智能体所需的所有技术。尽管包罗甚广，但本书的选材标准颇高，最终纳入书中的技术都是极具应用前景和发展潜力的，因此读之备感收获满满。

——Guy Van den Broeck，加州大学洛杉矶分校

推荐阅读

智能计算系统

作者：陈云霁 李玲 李威 郭崎 杜子东 编著　ISBN: 978-7-111-64623-5 定价: 79.00元

全面贯穿人工智能整个软硬件技术栈
以应用驱动，形成智能领域的系统思维
前沿研究与产业实践结合，快速提升智能计算系统能力

培养具有系统思维的人工智能人才必须要有好的教材。在中国乃至国际上，对当代人工智能计算系统进行全局、系统介绍的教材十分稀少。因此，这本《智能计算系统》教材就显得尤为及时和重要。

——陈国良　中国科学院院士，原中国科大计算机系主任，首届全国高校教学名师

懂不懂系统知识带来的工作成效差别巨大。这本教材以"图像风格迁移"这一具体的智能应用为牵引，对智能计算系统的软硬件技术栈各层的奥妙和相互联系进行精确、扼要的介绍，使学生对系统全貌有一个深刻印象。

——李国杰　中国工程院院士，中科院大学计算机学院院长，中国计算机学会名誉理事长

中科院计算所的学科优势是计算机系统与算法。本书作者在智能方向打通了系统与算法，再将这些科研优势辐射到教学，写出了这本代表了计算所学派特色的教材。读者从中不仅可以学到知识，也能一窥计算所做学问的方法。

——孙凝晖　中国工程院院士，中科院计算所所长，国家智能计算机研发中心主任

作为北京智源研究院智能体系结构方向首席科学家，陈云霁领衔编写的这本教材，深入浅出地介绍了当代智能计算系统软硬件技术栈，其系统性、全面性在国内外都非常难得，值得每位人工智能方向的同学阅读。

——张宏江　ACM/IEEE会士，北京智源人工智能研究院理事长，源码资本合伙人

本书对人工智能软硬件技术栈（包括智能算法、智能编程框架、智能芯片结构、智能编程语言等）进行了全方位、系统性的介绍，非常适合培养学生的系统思维。到目前为止，国内外少有同类书。

——郑纬民　中国工程院院士，清华大学计算机系教授，原中国计算机学会理事长

本书覆盖了神经网络基础算法、深度学习编程框架、芯片体系结构等，是国内第一本关于深度学习计算系统的书籍。主要作者是寒武纪深度学习处理器基础研究的开拓者，基于一流科研水平成书，值得期待。

——周志华　AAAI/AAAS/ACM/IEEE会士，南京大学人工智能学院院长，南京大学计算机系主任